軽量化設計
―理論と実際―

金沢大学 工学部 人間・機械工学科
尾田 十八 編著

東 京
株式会社
養賢堂発行

執筆者一覧

編 著 者

尾田 十八（金沢大学 工学部）……………………………………………第1章

執 筆 者（五十音順）

山川　宏（早稲田大学 理工学部）…………………………………………2.1節
山崎 光悦（金沢大学 工学部）………………………………………………2.2節
三木 光範（同志社大学 工学部）……………………………………………2.3節
吉村 允孝（京都大学 大学院工学研究科）…………………………………2.4節
山部　昌（金沢工業大学 高度材料科学研究開発センター）………………3.1節
奥野 澄生（大島商船高等専門学校 電子機械工学科）……………………3.2節
川崎　健（（株）日立製作所 笠戸事業所 開発センター）…………………3.2節
高井 英夫（（株）日立製作所 笠戸交通システム本部 車両システム設計部）……3.2節
戸取征二郎（（株）日立製作所 笠戸交通システム本部 車両システム設計部）……3.2節
今村 次男（中菱エンジニアリング（株）実験総括部）……………………3.3節
中藪 俊博（石川県工業試験場 製品科学部）………………………………3.4節
高橋 哲郎（石川県工業試験場 製品科学部）………………………………3.4節
古本 達明（石川県工業試験場 機械電子部）………………………………3.4節
前川 満良（石川県工業試験場 製品科学部）………………………………3.4節
吉田 茂雄（（株）シグ・ワークショップ）…………………………………3.4節
仁木　茂（（株）東芝 家電機器社 冷蔵庫技術部）…………………………4.1節
永野 洋介（（株）日立製作所 機械研究所）…………………………………4.2節
瀧　直也（松下電器産業（株）AVC社）……………………………………4.3節
北村 貞文（松下電器産業（株）AVC社）……………………………………4.4節
馬場 文明（三菱電機（株）住環境研究開発センター）……………………4.5節

まえがき

1996年8月に国産のH-Ⅱ4ロケットで地球観測用プラットホーム（ADEOS）が打ち上げられたことは，多くの方々がご承知であろう．表は，その打ち上げからのロケットの飛行特性を示したものである．これより，太陽周期軌道上に乗った衛星ADEOSの重量が3.6 tonであり，それがH-Ⅱ4ロケットの発射時での総重量261 tonのわずか1.4％であったということがわかる．つまり，H-Ⅱ4ロケットにおける大部分の重量（約84％）は，ロケットそれ自身の重力場からの脱出のために費やされた燃料なのである．したがって，機体そのものが軽くなれば，推進薬としての燃料ももちろん少なくてよいので全重量は軽くなる．すると，またその推進薬はさらに少なくてよいという好循環が生ずることとなり，打ち上げ能力も飛躍的に増大するという．

このように宇宙開発の技術には，基本的なところで機体構造の軽量化が極めて重要なものとなっているのである．ただ本例のような超最先端技術分野でな

表　H-Ⅱロケット4号機の飛行特性

時間, s	高度, km	速度, m/s	重量, %	イベント / 備考
0.0	0.1	402	100	発射，発射時重量261 ton
20.0	1.6	457	86.6	
40.0	6.7	638	73.4	
45.8	8.853	703	69.6	エベレスト山頂に相当する高度
60.0	15.4	896	61.0	
100.5	44.4	1491	45.1	
			36.8	固体ロケットブースタ分離
345.4	302.2	3628	13.1	第1段燃焼終了
355.4	320.6	3645	12.9	
			8.3	第1段分離
361.4	331.4	3619	8.3	第2段燃焼開始
896.8	802.0	7445	2.7	第2段燃焼終了
947.0	802.2	7453	2.7	
			1.4	衛星投入（衛星重量3.6 ton）

渡辺篤太郎：日本機械学会誌，**100**，942（1997）より

くとも，われわれが日常用いている各種の用具，機器や機械類でも，それらを軽量化するための技術は強く要求されるようになってきている．例えば，われわれの生活スタイルについてみてみよう．多くの人は外出時，コートや洋服を着，靴を履き，メガネをかけ，手には鞄（カバン）をもち，そのカバンの中には各種書類の他にノートパソコンが入るようになってきている．さらに，洋服のポケットには財布，名刺入れ，ボールペン，各種のキーから携帯電話などが入れられているのが普通である．これだけ多くの物を身につけ，活動しなければならない現代においては，これらの物がそれぞれの機能を満たすことはもちろん，すべてに共通した条件として小型・軽量であることが望まれる．そして事実，これら各製品を製造しているメーカーは，あらゆる手段を用いてその製品の小型・軽量化を追求している．一例としてメガネに注目しよう．これは，これまではガラス製のレンズで，ステンレスなどのフレームがよく用いられていたが，最近はプラスチック製レンズで，チタン製フレームに変更されている．このことで，その重量が約1/3に軽量化されているといわれている．このように，小型・軽量化することは，その製品を利用するうえで利便性に優れ，製品の差別化さらには低価格化へとつながることから，各メーカーにとってこのような技術を開発することは極めて重要となっている．しかしこのことが，近年，特に重要視されるのは，軽量化技術が結局のところ，資源・エネルギーの効率的利用（省資源，省エネルギー化など）に結びつき，そして，そのことが結果として自然にやさしい物づくり，すなわち地球環境適応型の社会形成に貢献することになるからでもある．

　本書は，以上述べた各種製品の小型・軽量化技術（これをまとめて以後，軽量化技術と呼ぶ）について，一般的，普遍的手法と思われるものを第1章と第2章で述べ，第3章と第4章では個別の各種機器などについての特有な技術について詳細に解説する．そしてこれらを通して，軽量化設計技術が今日必要となってきている社会的背景と，その基本理論，さらに実用されている各種機器に対する広い軽量化設計のための重要な技術について，理解していただければと思っている．

2002年6月

尾田 十八

目　　次

第1章　軽量化設計のすすめ

1.1　これからの物づくりと軽量化設計 …………………………………… 1
1.2　軽量化技術の意味とその効果 …………………………………………… 3
　1.2.1　風呂敷と鞄 ………………………………………………………… 3
　1.2.2　アルミ缶とタンカー …………………………………………… 4
1.3　軽量化技術のキーポイント ……………………………………………… 8
　参考文献 ……………………………………………………………………12

第2章　軽量化設計の方法

2.1　軽量化のための機能設計法 ……………………………………………13
　2.1.1　はじめに ……………………………………………………………13
　2.1.2　機能設計 ……………………………………………………………13
　　(1)　機能設計の内容 …………………………………………………13
　　(2)　機能設計の技術の概略の紹介 ………………………………16
　　　① 設計要求（ニーズ）の把握 …………………………………16
　　　② 技術予測 …………………………………………………………16
　　　③ 機能解析 …………………………………………………………16
　　　④ 設計解の候補の選択 ……………………………………………17
　　　⑤ 感性解析 …………………………………………………………18
　2.1.3　機能設計のための軽量化の考え方とその手法 ……………18
　　(1)　機能設計のための軽量化の考え方 …………………………18
　　(2)　機能設計のための軽量化の手法 ……………………………22
　　　① 需要予測 …………………………………………………………22
　　　② 技術予測 …………………………………………………………23
　　　③ 軽量化を考えた機能設計における設計解の探索 …………24
　　　④ 機能設計における構成要素などの軽量化 …………………25
　　　⑤ 機能設計と大幅な軽量化 ………………………………………25

　　　　⑥ 機能設計のための軽量化方法の流れ図··················26
　2.1.4 機能設計における軽量化の実際の試み····················26
　2.1.5 おわりに···29
2.2 軽量化のための構造設計法···30
　2.2.1 はじめに···30
　2.2.2 構造設計問題の分類と設計過程··································30
　　(1) 構造設計問題の整理···30
　　(2) 数理最適化法の分類···33
　　　① 数理計画法··33
　　　② 最適性規準法···33
　　　③ 進化的探索手法··33
　2.2.3 構造最適化システム···33
　　(1) 設計感度解析···33
　　(2) 近似法···35
　　　① 局所近似··36
　　　② 大域近似（応答曲面法）····································36
　　(3) 汎用構造最適化ソフトウェアの例·····························36
　2.2.4 軽量化設計のストラットジー···································37
　　(1) 軽量構造の種類選択の原則·····································38
　　(2) 骨組構造の軽量化設計···39
　　(3) 板・シェルの軽量化設計··40
　　(4) 三次元物体の軽量化設計··43
　2.2.5 おわりに···44
2.3 軽量化のための材料設計法···45
　2.3.1 はじめに···45
　2.3.2 軽量材料の選択・設計··46
　　(1) 軽い材料···46
　　(2) 比強度が高い材料···46
　　(3) 比剛性が高い材料···48
　2.3.3 軽量材料の設計··49

2.3.4　強度/剛性基準の最適材料設計 ………………………………………50
　　　(1)　材料設計 ………………………………………………………………50
　　　(2)　繊維強化複合材料 ……………………………………………………51
　　　(3)　異方性の設計 …………………………………………………………52
　　　(4)　補強/補剛の設計 ……………………………………………………53
　　　(5)　形態の設計 ……………………………………………………………53
　　　(6)　適応性の設計 …………………………………………………………55
　　　(7)　知的性の設計 …………………………………………………………56
　　2.3.5　信頼性基準の最適材料設計 ……………………………………………57
　　　(1)　異方性の設計 …………………………………………………………57
　　　(2)　損傷許容設計 …………………………………………………………58
　　2.3.6　システム基準の最適材料設計 …………………………………………59
　　　(1)　システム基準とは ……………………………………………………59
　　　(2)　構造と材料の同時最適設計 …………………………………………60
　　　(3)　多原理最適構造/材料設計 …………………………………………61
　　2.3.7　マイクロテクノロジー …………………………………………………62
　　2.3.8　おわりに …………………………………………………………………62
2.4　軽量化のための生産設計法 ……………………………………………………63
　　2.4.1　はじめに …………………………………………………………………63
　　2.4.2　生産設計における軽量化の意味・意義 ………………………………63
　　2.4.3　軽量化とシステム設計 …………………………………………………66
　　　(1)　機械製品の性能特性 …………………………………………………66
　　　(2)　性能特性の基本特性への分解 ………………………………………68
　　　(3)　基本特性間の関係 ……………………………………………………68
　　　　①　コア特性 ……………………………………………………………68
　　　　②　コア特性の上位に位置する基本特性 ……………………………69
　　　(4)　特性のブレイクスルー ………………………………………………70
　　　　①　形状最適化による設計解のブレイクスルー ……………………70
　　　　②　素材選択による設計解のブレイクスルー ………………………71
　　　(5)　製造コストとの関係 …………………………………………………71

     2.4.4 製品としての具体化のための生産設計 ················73
       (1) 設計物の具体化のための製造コスト低減化の方策 ········73
       (2) 形状単純化による製造コストの低減 ··················74
       (3) 部品のグループ化による製造コストの低減 ············75
     2.4.5 製品としてのシステム設計法 ························77
       (1) システム設計におけるコンカレント最適化 ············77
       (2) コンカレント評価に基づく階層的最適化 ··············78
         ① コア特性に着目した最適設計 ····················78
         ② 概念設計段階または単純化モデルからの最適化 ····79
       (3) 設計解の決定 ······································80
     2.4.6 おわりに ··80
     参 考 文 献 ··80

第3章 輸送機器の設計事例とその技術

3.1 自動車の軽量化設計 ·······································83
  3.1.1 はじめに ··83
  3.1.2 樹脂化による軽量化技術のキーポイント ················83
  3.1.3 プラスチックの適用事例 ······························85
    (1) 樹脂製ターボチャージャインペラ ······················85
      ① 材 料 ··85
      ② 成 形 ··86
      ③ 樹脂化の効果 ······································87
    (2) 樹脂製ガソリンタンク ································87
      ① ブローアップ工程へのシミュレーションの適用 ········87
      ② 樹脂化の効果 ······································89
    (3) 樹脂製バンパ ··89
      ① 射出成形シミュレーションの適用 ····················90
      ② 樹脂化の効果 ······································91
    (4) GFRP製リーフスプリング ······························92
  3.1.4 おわりに ··93

3.2 車両の軽量化設計 …………………………………………………………94
3.2.1 はじめに ……………………………………………………………94
3.2.2 軽量化設計の動向 ……………………………………………………94
(1) 車体構造 …………………………………………………………………94
(2) 設計コンセプト …………………………………………………………95
　① 軽量ステンレス車体 ……………………………………………………96
　② アルミニウム合金製車体 ………………………………………………96
3.2.3 軽量化設計の考え方 …………………………………………………98
(1) 構造・荷重および要求性能 ………………………………………………98
　① 構体構造と作用荷重 ……………………………………………………98
　② 設計要求性能 ……………………………………………………………99
(2) 軽量化設計の基本事項 ……………………………………………………99
　① 構造解析および強度評価 ………………………………………………99
　② 軽量化設計の重要点 ……………………………………………………100
(3) 軽量化設計の事例 …………………………………………………………102
　① A-train次世代車両 ……………………………………………………102
　② 高速新幹線車両 …………………………………………………………105
3.2.4 信頼性評価 ………………………………………………………………107
(1) 要素モデル試験 ……………………………………………………………108
　① 第1ステップ ……………………………………………………………108
　② 第2ステップ ……………………………………………………………108
(2) 実車の静荷重試験 …………………………………………………………108
(3) 実車(試作構体)の疲労試験 ……………………………………………108
3.2.5 おわりに …………………………………………………………………109

3.3 航空機の軽量化設計 ……………………………………………………110
3.3.1 はじめに ……………………………………………………………110
3.3.2 構造材料の変遷 ……………………………………………………110
3.3.3 材料技術の開発動向 ………………………………………………112
(1) アルミニウム合金 …………………………………………………………112
(2) チタン合金 …………………………………………………………………118

（3）Ti-Al 金属間化合物 ……………………………………………………… 122
　3.3.4　おわりに ………………………………………………………………… 123
3.4　車いすの軽量化設計 ………………………………………………………… 123
　3.4.1　はじめに ………………………………………………………………… 123
　3.4.2　電動車いすの形式分類 ………………………………………………… 123
　3.4.3　車いすの形状と性能に関する規格 …………………………………… 125
　3.4.4　用途を絞り込んだ設計が必要 ………………………………………… 125
　3.4.5　軽量化のためのプロトタイピング …………………………………… 126
　　（1）分解組立て式の試作（一次試作）…………………………………… 126
　　（2）一体式としての軽量化の試み（二次試作）………………………… 127
　　　① 本　体 …………………………………………………………………… 127
　　　② モータ …………………………………………………………………… 128
　　　③ 減速機 …………………………………………………………………… 129
　　　④ コントローラ …………………………………………………………… 129
　3.4.6　性能試験 ………………………………………………………………… 130
　3.4.7　結　果 …………………………………………………………………… 130
　3.4.8　おわりに ………………………………………………………………… 132
　　参考文献 ……………………………………………………………………… 132

第 4 章　家電・情報機器の設計事例とその技術

4.1　冷蔵庫の軽量化・省エネ設計 ……………………………………………… 135
　4.1.1　はじめに ………………………………………………………………… 135
　4.1.2　冷蔵庫の省エネ技術 …………………………………………………… 136
　　（1）LCA からみた冷蔵庫の省エネ ……………………………………… 136
　　（2）従来の冷蔵庫の冷凍サイクル ………………………………………… 136
　　（3）ツイン冷却インバータシステム ……………………………………… 137
　　　① 高効率運転 ……………………………………………………………… 138
　　　② 冷蔵循環サイクル運転 ………………………………………………… 139
　　　③ 冷凍循環サイクル運転 ………………………………………………… 139
　　　④ うるおい冷却 …………………………………………………………… 139

⑤ ノンストップ運転···140
　　　⑥ 霜取り（ヒータ除霜）頻度の低減·····························141
　　　⑦ インバータ能力可変システム···································141
　　　⑧ 冷蔵庫用インバータ装置··142
　　(4) 冷蔵庫用インバータ装置···142
　　　① モータ鉄損の低減···142
　　　② モータ銅損の低減···143
　　(5) 冷蔵庫におけるその他の省エネ技術····························143
　　　① 仕切り部からの熱リーク低減··································143
　　　② インバータロスの低減··143
　4.1.3　省資源性・リサイクル性··143
　　(1) 省資源性···143
　　　① 製品の取組み··143
　　　② 包装の取組み··144
　　(2) リサイクル性···145
　4.1.4　おわりに···146
4.2　掃除機，洗濯機の軽量化・省エネ設計································146
　4.2.1　はじめに···146
　4.2.2　掃除機の軽量化・省エネ技術·····································147
　　(1) 掃除機の構造···148
　　(2) 電気掃除機の高出力・高効率化の推移·························148
　　(3) 掃除機の各構成要素における技術の改良·····················149
　　　① 吸口，延長パイプ，ホース部··································149
　　　② 集塵部（フィルタ）···150
　　　③ 電動送風機··150
　　　④ 制御部··152
　　　⑤ 本体ケース··152
　　(4) 今後の展開··152
　4.2.3　洗濯機の軽量化・省エネ技術·····································153
　　(1) 洗濯機の構造···153

[10] 目　次

　　（2）洗濯機の大容量化と軽量化の推移······················154
　　（3）洗濯機における省エネ技術·····························155
　　　　① 節水化···155
　　　　② 高洗浄化···156
　　　　③ 省電力化···157
　　（4）今後の展開···157
　4.2.4　おわりに···158
4.3　テレビの軽量化設計···158
　4.3.1　はじめに···158
　4.3.2　テレビの基本構造···159
　4.3.3　テレビにおける軽量化の課題······························160
　4.3.4　従来のキャビネットの構造と成形方法··················161
　4.3.5　偏肉フレーム構造の開発（ガスアシスト成形）·······162
　4.3.6　構造解析技術による限界設計······························163
　4.3.7　材料面からの軽量化（高流動性樹脂の開発）·········165
　4.3.8　成形面での最適化···166
　4.3.9　今後の技術展開···167
4.4　ビデオカメラの小型・軽量化設計································169
　4.4.1　はじめに···169
　4.4.2　ビデオカメラの技術の推移·································169
　　（1）小型・軽量化の推移···169
　　（2）小型・軽量化を支える主要要素技術の進化············170
　4.4.3　DVCの小型・軽量化設計事例······························172
　　（1）商品の特長···172
　　（2）メカニズム···172
　　（3）プリント基板実装··174
　　　　① LSIパッケージ小型化取組み····························175
　　　　② 薄板高密度多層プリント基板···························176
　　　　③ 高密度実装基板の物づくり·······························176
　　（4）構造・外装設計···177

① 小型・軽量化のポイント ……………………………………………177
　　　② 低背型EVFユニット …………………………………………………177
　　　③ 薄型液晶モニタヒンジユニット ……………………………………179
　　(5) レンズ鏡筒設計 …………………………………………………………179
　　　① 小型・高性能光学系 …………………………………………………179
　　　② 超小型レンズ鏡筒 ……………………………………………………180
　　(6) 省電力設計 ………………………………………………………………181
　　(7) 液晶モニタ設計 …………………………………………………………182
　　(8) バッテリ …………………………………………………………………182
　4.4.4　おわりに …………………………………………………………………183
4.5　携帯電話の軽量化設計 ……………………………………………………183
　4.5.1　はじめに …………………………………………………………………183
　4.5.2　携帯電話の動向 …………………………………………………………183
　4.5.3　携帯電話の軽量化の動向 ………………………………………………185
　　(1) 軽量化技術 ………………………………………………………………186
　　(2) ハウジング ………………………………………………………………186
　　(3) 表示部（液晶パネル）…………………………………………………189
　　(4) 電　池 ……………………………………………………………………190
　4.5.4　携帯電話軽量化の技術課題 ……………………………………………190
　　(1) 実装基板 …………………………………………………………………191
　　(2) ハウジング ………………………………………………………………191
　　(3) 表示パネル ………………………………………………………………192
　　(4) MID ………………………………………………………………………192
　　(5) 今後の軽量化技術 ………………………………………………………193
　　　① 生産（量産）性 ………………………………………………………193
　　　② 環境問題への対応 ……………………………………………………194
　4.5.5　おわりに …………………………………………………………………195
　参 考 文 献 …………………………………………………………………………195

索　　引 ……………………………………………………………………………196

第1章 軽量化設計のすすめ

1.1 これからの物づくりと軽量化設計

　人工物をつくること，つまり物づくりは設計と呼ばれ，それは何をつくるかの計画から始まり，その機能などとの関連で形状を決め，次にそれを構成する部材や要素を考え，それらの材料や製作法を明らかにした後，図面化する作業までも含むものとして理解されている[1]．したがって，この作業手順を示せば，通常 図1.1のようになる．これまで，このような流れに従って多くの物が生産されてきたが，今日，その設計環境は次に示す二つの点から大きく変化しようとしている．

(1) 設計された物の安全性についてのより厳しい要求と，それに関連した法的規制
(2) 省資源，省エネルギーなどの環境に与える影響の少ない物づくりへの強い要請と，それに対する法的規制

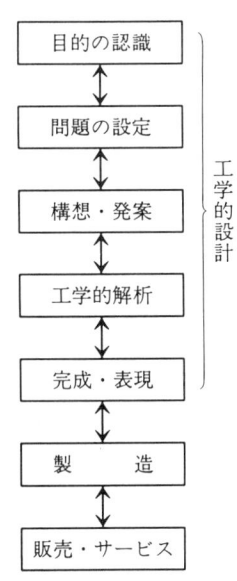

図 1.1　工学的設計の流れ

　(1)については，われわれが設計するあらゆる物がそれらを使用したり，利用する人々にとって安全であるべきことは，本来 当然のことといえる．しかし，これまで多くの企業は，そこで生産される物の経済性を最優先させ，安全性については若干軽視する傾向があった．この点，製造物責任法（PL法）の制定（わが国では1995年7月より施行）などは，このような物づくりに対する大きな警鐘になっている．ところで，この本の目的は実はこの点ではなく，次の(2)の点にある．よって，このことについてはこれ以上触れることは避け，(2)の点について話を進めたい．

　さて，資源・エネルギーが有限であるといわれて久しい．しかし，われわれ人類は，これまで人間の都合のみを考えて極めて多くの人工物を何の制約もないと考えつくってきた．その結果，今日 冷媒としてのフロンガスによるオゾン

層破壊問題や，SO_2 による酸性雨問題などの多くの環境問題が生じてきている．そしてこれらの問題が，結局は人類を含めた全生物の存亡に大きく影響することが明らかになってきた．

このようなことから，人工物を創生する場合，つまりそれらの設計法として，いかに自然・生態系と調和するように配慮するかが重要なこととなってきている．先の(2)の点はこのことを述べたものである．そして，このような点を考慮した物づくりの立場として

Reduce（縮小化，スリム化）

Reuse（再利用）

Recycle（再循環，再生利用）

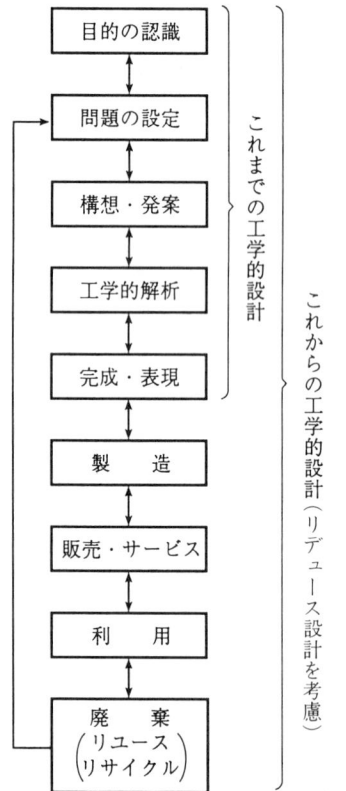

図1.2 新しい工学的設計の流れ

を志向した設計が大切であるといわれている．またこのような設計活動を法的にも推進させる動きが，近年各国でみられるようになってきた．わが国でも，1997年に容器包装リサイクル法が，また2001年には家電リサイクル法が施行された．そして，この本の書名「軽量化設計」は，実はこの「Reduce」法に対応したものである．つまり各種機器を開発する場合，小型・軽量化への努力は，これらに携わる多くの企業にとって，その製品の特徴化・差別化となり，これが直接低価格化へとつながっていくことになる．しかし最も重要なことは，結局このような製品を開発することが先に述べた省資源・省エネルギー化になり，これがひいては自然にやさしい物づくり，すなわち地球環境適応型の工学になることにある．

以上のことから明らかなように，これからの工学的設計法には人工物を創生するだけでなく，その働きが終了した時点で，人間・社会

や自然環境に極力影響を与えない上手なそれらの後始末方法までも強く求められているのである．このような観点から改めて設計法の作業とその流れを考えるとき，先の図1.1はかなり限定されたもので，図1.2のような機械の創生から廃棄までの全ライフサイクルに責任を負うものと考えなければならないであろう．そして，その中でReduceな設計の具体的手法として，軽量化設計技術が今日特に重要になってきているといえる．

1.2 軽量化技術の意味とその効果

1.2.1 風呂敷と鞄

軽量化技術の観点から，日本の古来から用いられている風呂敷（図1.3）のことにまず触れたいと思う．周知のとおり，「水は方円の器に従う」が「風呂敷は方円の物を包む」といえるように，これほど色々な物を包むことができ，かつその他の用途にも用いられるという多機能性をもち，かつ軽量なものはほかにないと思う．現在　市販されている種々のカバンも多機能性と軽量化の点から色々工夫されてはいるが，とても太刀打ちできるものはない．つまり風呂敷は，このような物を運ぶための道具として極めて完成されたもので，日本文化が生んだ最高傑作ともいうことができる．

ただ，ここで注意しなければならない点は，風呂敷は単に1枚の四角い布にすぎず，それを用いる人が物を包み込む作業をすることによってのみ，機能をもったものとなるということである．別の意味からいえば風呂敷は，それを用いる人がそれを使いこなすような技術，あるいは知的レベルに達している必要があるということである．この点，子供や外国人は風呂敷を使いこなすことが

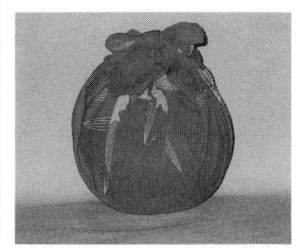

図1.3　風呂敷は方円の物を包むことができる

できない場合が多く,彼らにとって,それは前述のとおり,単なる1枚の布にしかすぎない.

これに対し,市販されている各種のカバンは,一般にそれを使うのに特殊な工夫も技術も伴うものではない.これとよく似たものとして,箸とナイフ・フォークの関係がある.日本人を含む東洋系の人は食事の折,前者を用いるが,これは後者に比べ軽量であるし,種々の食物を取り,それを食するのに適している.しかし,それを使いこなすには後者の物よりかなりの技術を必要とする.

このようにみてくると,<u>ある種の知識や技術をもっていれば,その機器や道具類を極めて軽量化,かつ多機能化して利用できる</u>ことがわかるであろう.

そして,このことは今日別の意味から機器設計上の重要な点を指摘している.現在のエレクトロニクス分野の進歩から,機器自身を知能化させることは,割合容易になっている.したがって,その機器を利用する側が必要とする知識や技術の一部分でも機器自身やその周辺装置にもたせることができれば,対象とする機器は大幅に軽量化できることになると考えられる.例えば,金庫はこれまで,それがもち運ばれる危険性を考えて極めて重い物としてつくられてきた.しかし,それ自身やそれが置かれている所に防犯センサなどを設置するのみで,より安全で軽量でコンパクトな金庫を設計することができることとなる.このような事例は他の製品についてもみられる.

1.2.2 アルミ缶とタンカー

1.2.1項で述べたことと別の観点での軽量化技術を考えるうえで最も理解しやすいモデルとして,次にビールやコーラなどの飲料用アルミ缶を考えてみよう.図1.4は,その断面形状と基本寸法を示したものである.このように,その形状は極めて薄いアルミ板を用いた円筒形である.これが一定の体積の飲料水を蓄えることのみの機能ならば,変分法をもち出すまでもなく,球体の方が材料が少なく軽量になる.しかし,これがコップ代わりに人の口に当てて飲む行為に対応したものでなければならないことや,その製造・輸送上のことから,このような基本形が決まったものといえる.

しかし,それにしても極めて薄い膜状のアルミ板が利用できるのには訳がある.それは,缶上部の蓋の板厚を少し厚くすることや下部を少し内側へ凹ませ

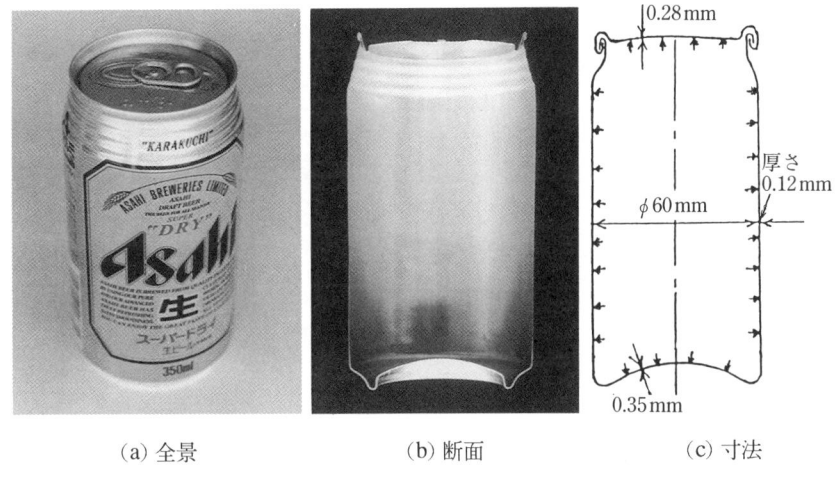

(a) 全景　　　　　(b) 断面　　　　　(c) 寸法

図 1.4　アルミ缶

た特異な形状に加工することで，座屈などに対するその形状保持性（このような剛性維持のための形状をいかに工夫するかということは重要な軽量化技術の一つである）を高めているからである．さらに，ビールやコーラなどの炭酸飲料では，必然的に容器に内圧が作用する．そのため，アルミ板には板面内の引張応力場が与えられ，これがまた形状保持性に役立っている．機器を軽量化するとき，できるだけ薄い板を用いる方向（薄板殻構造化）へいくが，それが膜になると面内引張応力が与えられない限り形状保持ができないことに注意してほしい．アルミ飲料缶は，この考え方も利用しているのである．

そして，このような考え方は東京ドームなどの設計や航空機の胴体設計（一般に高度3 000 m以上を飛行する旅客機では，乗客に不快感を与えないため，機内を与圧している．つまり，航空機も一種の圧力容器なのである）においても同様に利用されているものである[2]．

さて，上で述べたアルミ缶に対し，これを飲料水を蓄える容器としてのみ考えてみよう．このような立場からみれば，軽量化設計の考え方は単に対象物体の重量を減少させるというより，その物体に蓄えられる物の単位重量当たりの容器の重さで評価されなければならないであろう．つまり，この値の小さいものほど材料の使用効率やそれに関連する輸送・貯蔵上のエネルギー効率もよくなることとなる．一般に，ある三次元の物体について，その体積は代表寸法の

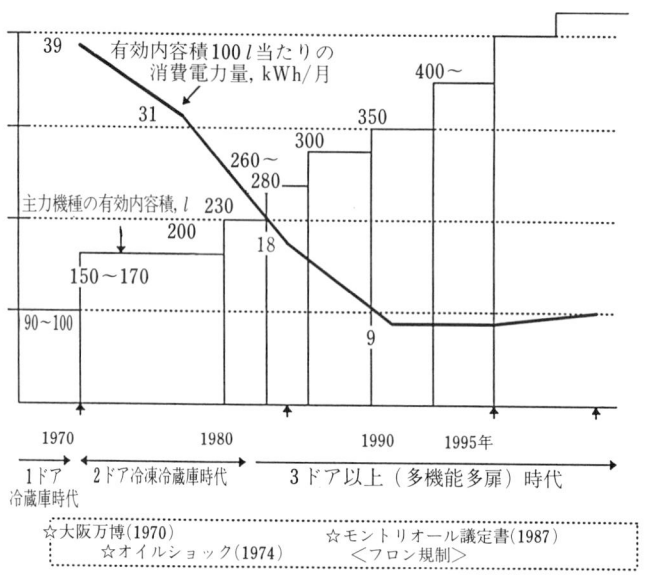

図 1.5 冷蔵庫の推移[3]

3乗に比例するが，表面積は2乗に比例するので，膜や殻構造の容器を考えるとき，大型化することが上述の効率を高めることは明らかである．実際用いられている機械や機器の設計は，むしろこのような方向を指向している．例えば，ジャンボジェット機，大型タンカーは周知のところであるが，われわれが日常お世話になっている家庭電化製品でもそうである．

そして，それらの各機器についての軽量化設計上の技術の詳細は，本書の第3章，第4章で紹介されることになるが，若干ここで触れることにしたい．図1.5，図1.6は電気冷蔵庫，電気洗濯機についての技術の変遷[3,4]を簡単に示したものである．これから理解できるように，冷蔵庫ではその有効内容積の拡大（大型化）が，そして洗濯機でもその容量を増大させることが使用者側のニーズで，それに対応した形で開発が進められてきている．そして重要な点は，冷蔵庫にみられるようにそのような大型化にもかかわらず，それに必要な消費電力量（有効内容積100 l 当たり）はむしろ減少していることである．このようなエネルギーの効率化も基本的には軽量化設計からきているものと考えられる．

また先の洗濯機であるが，この開発の過程には冷蔵庫よりさらに厳しい幾つ

1.2 軽量化技術の意味とその効果　　7

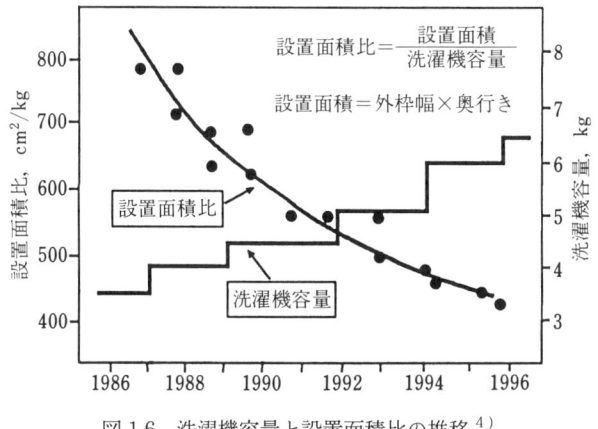

図 1.6　洗濯機容量と設置面積比の推移[4]

かの条件をクリアしてきていることが知られている．しかも，それが軽量化技術と深く関係しているのである．例えば，有職主婦の増加や生活意識の変化に伴って，洗濯に手間，暇をかけず，まとめ洗いをしようとする家事の省力化意識が近年急速に進んでいる．このことを背景に，従来主流であった洗濯槽と脱水槽からなる二槽式洗濯機が一槽で洗濯兼脱水を行なう構造の全自動洗濯機（図1.7, 図1.8）へと進化した．これは一槽が2役を行なうこと（いわゆる多目的化・多機能化）で，その機器スペースの大幅減少とその構造簡単化を可能にしたといえる．

洗濯機の技術は，洗浄力，脱水力の向上が基本ではあるが，先に述べた大容量化も重要で，しかもそれらを日本の住宅事情からくるコンパクト化や静音化を満たしつつ実現することが極めて大切なこととなってきている．そして，その解決にもやはり軽量化技術が必要であり，上述の一槽方式の採用のほか

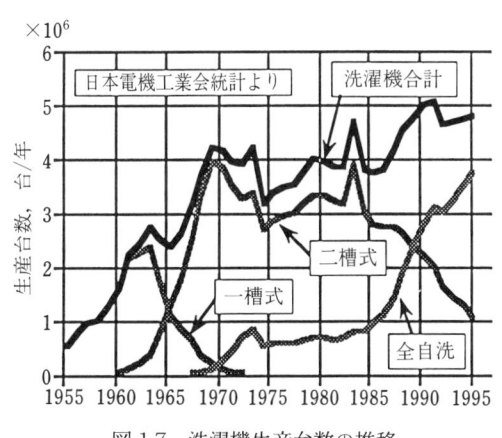

図 1.7　洗濯機生産台数の推移

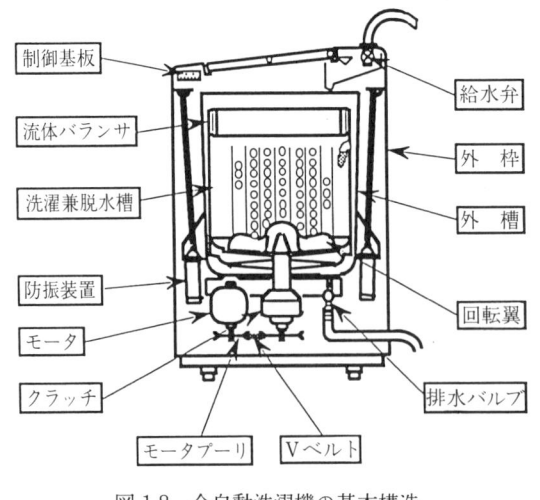

図1.8 全自動洗濯機の基本構造

にも,現在,回転翼の改良,高剛性ステンレス槽の採用,流体バランサや機構部の軽量高剛性化による振動抑制技術などが進められ,その結果,図1.6に示したように,その容量が年々増大しているにもかかわらず,設置面積(外枠寸法)はほとんど変化していないのである.またこの製品に対しては,その利用時に不可欠となる水,洗剤はもとより,電力や時間に対しても節水,節洗剤,節電力,節時間を徹底する技術の開発,さらにはリサイクル性や環境保全の立場から易分解構造の工夫や新部材の採用,生分解洗剤の開発利用など,極めて広範囲な分野と関連した技術の開発が進められている.

以上述べてきたように,機械・機器の軽量化技術は,単にそれら製品のみの軽量化の視点で考えるのではなく,それを利用する場合の資源・エネルギーの効率化,さらに洗濯機の例のようにその機械を取り巻く人間社会,自然環境を含めた時・空間に対して,あらゆる点で軽負荷となるものを考える技術でなければならないのである.

1.3 軽量化技術のキーポイント

前節で述べたように,各種機器開発上でその軽量化に関連する技術の範囲は極めて広い.ただ,具体的に設計する対象を決め,それの軽量化を図る場合,従来から指摘されている機能設計,構造設計,材料設計と,それらすべてに関連する生産設計の過程がやはり重要となってくる.しかも,これまで開発されている多くの製品をみるとき,これらの過程で,特に次のような点が考慮されなければならないものと考えられる.

(1) その利用環境も含め,システムとして知能化(知的化)を図ること.

(2) 機能的には1部品，1部材で多機能化・多目的化を図ること．
(3) 構造的には骨組化，板・殻化，トポロジー化を図ること．
(4) 材料・組織的には異方性の利用など，適材適所化を図ること．

これらの点について，具体的に説明しよう．まず(1)の点であるが，これは1.2節で述べたことでもあるが，例えばカメラやミシンの例を挙げるまでもなく，いわゆるメカトロニクス化された多くの機器が，従来のものよりはるかに軽量化され，かつ多機能化されていることからもその効果は大きいといえる．次に(2)の点であるが，全自動洗濯機での濯槽の例が対応している．つまり，1槽で洗濯と脱水の2役を行なうことによりその機器の軽量化を図っている．このような例は色々と挙げることができる．例えば携帯用のドライバーセットや他の工具類には，その握りの部分は1個で，機能要素部分を交換使用できる構造のものが多い．また，一つのスペースをわずかのパーティション類の移動のみで種々の目的に利用する多目的ホールといわれる構造物もこの範中に入れることができるであろう．以上述べた(1)，(2)の点は，機器設計における機能設計上で考慮すべきことであるが，これらの点も含めこの分野での設計技術の詳細は後の2.1節「軽量化のための機能設計法」のところで述べられる．

次に(3)の点であるが，これについてはまず図1.9を見ていただきたい[5]．これはペリカンの管状翼骨の断面を示すものである．この形は，極めて最適化されたラーメン構造とみることができる．すなわち空を飛ぶ鳥は，その重量を軽減させるためにあらゆる部分が進化してきており，このような骨の内部までが特異な形で構造化されているのである．

一般に，構造物を設計する

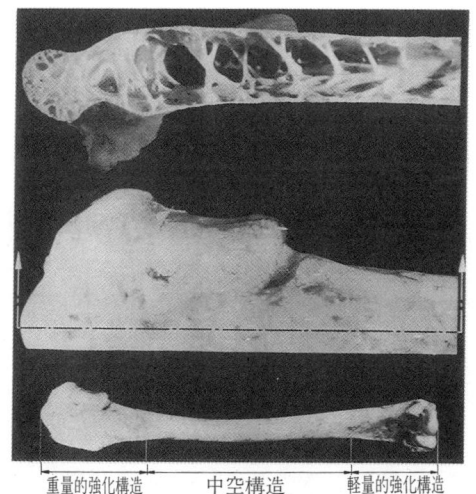

図1.9 ペリカンの管状翼骨の形状と構造[5]

場合,軽量化の観点からは,まずトラス,ラーメンなどの骨組構造が採用できないかを考える.これが不可能の場合は,板か殻構造が用いられるように工夫する.それも無理な場合のみ三次元ブロック(三次元連続体)を用いることが基本的な考え方であろう[2].しかも,板殻構造や三次元ブロックを用いる場合でも,できる限りそれらの内部に空域をつくること(このことを多連結化あるいはトポロジー化すると呼ぶ)を考える.

ただ,このような軽量化設計作業で問題となるのは,そのために対象構造物が弱くなったり,剛性が不足し,当初予定していた設計目的や条件を満足しなくなることである.したがって,構造物の軽量化設計は,構造物の応力,ひずみ,変形を求める構造解析の手法と,その構造物を構成している各種形態パラメータを設計目的や制約条件を満足させつつ最適に変化させる最適化手法とを高度に組み合わせなければならない.ただ,それでもこの分野は,先の(1),(2)の機能設計のような,その解決策をほとんど発明的なものに頼るような分野と異なり,かなり手法的には確立されている[6],[7].そして,そのような手法として具体的にどのようなものがあるかは 2.2 節の [軽量化のための構造設計法]で述べられる.

最後に(4)の点であるが,これは実は(3)の点と独立なものではない.例えば 図 1.10 は,ある社での最近 開発された自動車用アルミスペースフレーム車体である[8].これは,従来 鋼材が主流であったスペースフレームをアルミ押出し形材の効果的な活用と独自の構造設計によって,従来の製品に対して約 40% の軽量化を達成すると同時に,2 倍の車体剛性を実現し,かつ部品点数も 40% 削減したという.

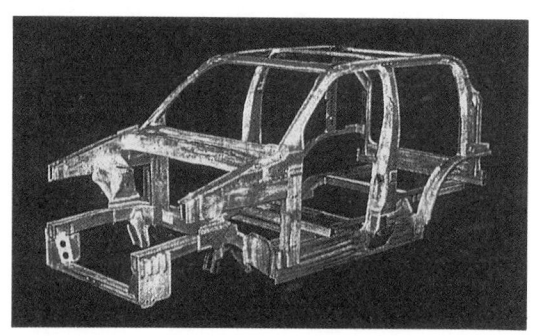

図 1.10 アルミスペースフレーム車体[8]

このように材料を変更することは,構造設計そのものも変更することとなり,かつそれに対応した加工,組立工程も大きく変えることになるのである.また材料を適材適所に利用する

考え方は，究極的にはやはり「生物に学ぶ」ことになる．それは，生物のいかなる部分もあらゆる手段を用いてその材料組織を巧妙に構成しているからである．例えば，図1.11，図1.12は卵の殻と竹の真かん部の断面を示すものである．図1.11からわかるように，卵殻は脆性傾向の強い炭酸カルシウムの結晶がアーチ形に配置されていることによって，その外部負荷に強く抵抗するものとなっている[9]．また，竹では図1.12に示すように，曲げ応力の高い外周部ほど引張強さの高い維管束鞘を密に分布させている[10]．このような材料の異方性の特性利用も軽量化への有効な方法となるのである．そして，このような分野は材料設計，生産設計における軽量化技術といえるもので，その詳細は2.3節「軽量化設計のための材料設計法」と2.4節「軽量化のための生産設計法」で述べられる．

以上，先に指摘した(1)～(4)の点をそれぞれ別個に論じてきたが，真の軽量化設計を実現するためには，これらすべての点が同時に調和した形で考慮されなければならず，それが最も難しいことといえるであろう．そして，このような統合化・総合化への考え方は，

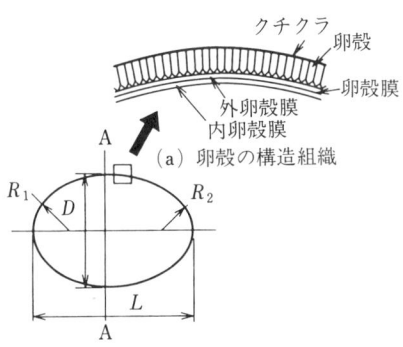

(b) 卵殻の形状と寸法
　　　(単位：mm)

L	58.80～61.95
D	45.05～47.25
R_1	12～15
R_2	15～17
厚さ	卵殻 0.355 卵殻膜 0.077

図1.11　卵殻の形状と組織[9]

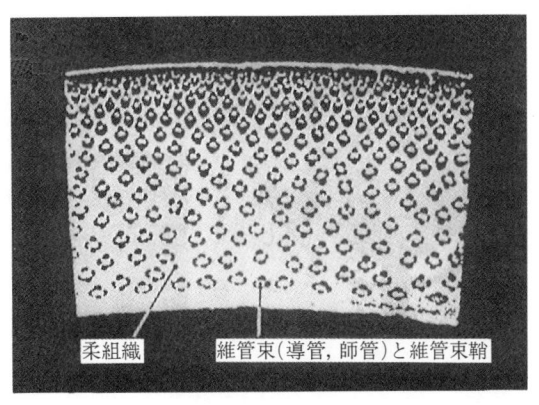

図1.12　孟宗竹真桿部の断面組織状態[10]

本書の第3章，第4章における各種の実用機器設計事例の中に多く示されている．したがって，読者はこれらを通して，真の軽量化設計技術を修得できるものと思われる．

参考文献

1) 尾田十八・室津義定（編）：機械設計工学1（改訂版），培風館（1999）p. 2.
2) 尾田十八：形と強さのひみつ，オーム社（1997）p. 37.
3) 斉藤寿寛・橋村哲夫：日本機械学会誌，**100**, 939（1997）p.151.
4) 永野洋介：日本機械学会誌，**100**, 939（1997）p. 157.
5) H. Hertel : Structure – Form – Movement, Reinhold Pub. Co (1966) p. 8.
6) 日本機械学会編：構造・材料の最適設計，技報堂出版（1989）p. 20.
7) 日本機械学会編：適応化・知能化・最適化法，技報堂出版（1996）p. 139.
8) 中川成幸：日本機械学会 機械材料・材料加工部門ニュースレター，14（1997）p. 5.
9) 尾田十八・酒井 忍・剣持 悟：日本機械学会論文集，**63**, 606（1997）p. 431.
10) 尾田十八：科学朝日，**47**, 6（1987）p. 34.

第2章 軽量化設計の方法

2.1 軽量化のための機能設計法

2.1.1 はじめに

各種の機器の小型・軽量化は，一般的に機能や可搬性の向上に直結することが多く，低価格化が期待でき，他社の製品との競合において大きな優位性をもたらす．それのみならず，省資源・省エネルギーの観点からも機器の小型・軽量化技術は極めて重要で，21世紀における重要な環境問題に適応する技術の一つとも考えられる．

しかしながら，機器の要求される諸機能の点からみると，確かに小型・軽量化ができれば，一般的に機器の機能の向上に結びつくことは多いと考えられる．しかし，小型・軽量化の程度によっては，すなわち大幅な小型化や軽量化を行なう場合には，本来要求される機能そのものを従来の設計法では満足すること自体が困難となることも生ずると思われる．このような場合には，従来の設計の洗練化のみならず，設計の上での何らかの技術的なブレークスルーが必要である．

そこで本節は，機能設計と小型・軽量化というテーマをいろいろな観点からとらえ，それに対応し得る技術について説明する．

2.1.2 機能設計

本論に入る前に，改めて"機能設計"の内容とその関連する技術についてながめてみよう．

（1）機能設計の内容

製品に要求される様々な目的や機能は，設計の初期段階，例えば概念設計や基本設計の段階で明確にすべきものであり，その後の詳細設計や生産設計の段階では，その機能の実現に向けての設計が進行する．すなわち，機能設計は，設計過程の一連の流れである［設計要求→概念設計→基本設計→詳細設計→生産設計］のすべての段階の設計に関連しているが，その中でも特に設計の上流部である概念設計や基本設計の段階において支配的要因となるものである．

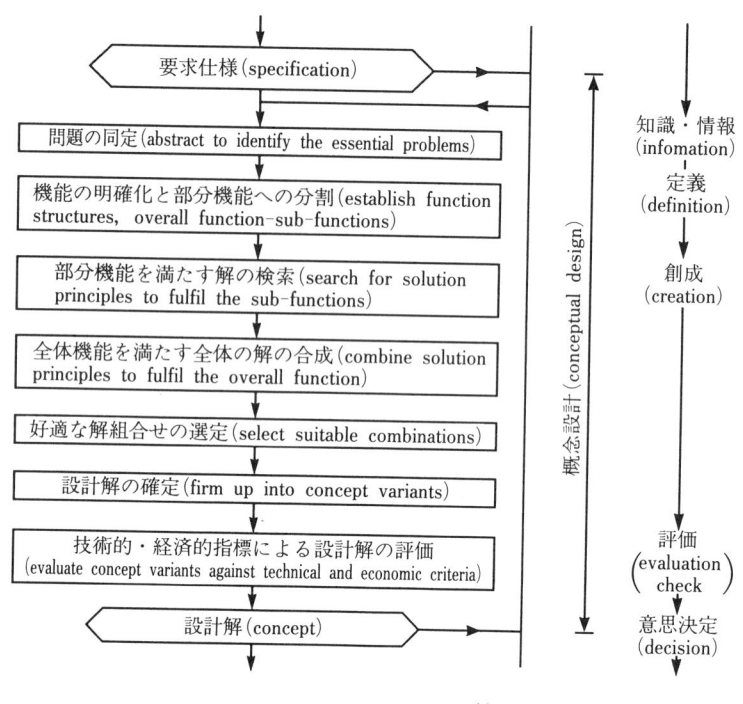

図 2.1　概念設計の内容[1]

　図 2.1 は，概念設計の内容をステップごとにながめたもの[1]であるが，その大部分は機能の明確化とそれを満足する解の探索に充当されている．

　ところで"機能"という言葉は，本来，"性能"よりは広い意味をもっていると考えられる．表 2.1 は，設計における様々な設計要求（ニーズ）をまとめたもの[2]である．この表の中で，"機能"には，"性能"に加えてユーザー側の要求，例えば取扱いやすさ，携帯のしやすさ，場合によっては充実感などの感性的な要素をも含み，また最近では耐環境性，廃棄容易性，安全性なども広い意味では機能という概念に含まれるものと考えられる．

　これらの広い意味をもつ機能の設計，すなわち機能設計では，機能の明確化，機能を実現可能とする設計案の立案が重要な課題となる．そこで，次項では機能設計に資する技術について考えてみよう．

表 2.1　設計に対する要求（ニーズ）[2]

物性的要素	外観特性	大きさ, 長さ, 重さ, 厚さ
	力学的性質	速度, 牽引力, 強度, 脆性
	物性	通気性, 保温性, 耐熱性, 伸縮性
	光学的性質	透明度, 遮光性, 夜光性
	音響的性質	音色, 遮音性, 音響出力, SN比
	情報関係	冗長度, 情報量, 正確さ
	化学的性質	耐食性, 不燃性, 耐爆性
	電気的性質	絶縁性, 電導性, 誘導性
機能的要素	効率	エネルギー効率, 取扱いの容易さ, 自動化
	安全性	無害性, フールプルーフ設計
	機能の多様性	多能品, 組合せによる多様化
	携帯の難易	ポータブル, 据置き型
	使用者の範囲	素人向き, 専門家向き
人間的要素	イメージ	高級品, 知名度
	希少性	特注品, 輸入品, 天然品
	習慣	伝統, 新製品
	官能的品質	仕上げ, 手触り, 味, 居住性
	充実度	知的充実感, 情緒的充実感
	過剰品質への志向	サービス, 他品にない仕様
時間的要素	耐環境性	耐寒性, 耐湿性, 耐震性
	時間的効果	効果の持続性, 即効性
	耐久・保存性	耐用年数, 故障率, 修理容易性
	廃棄容易性	
経済的要素	有利性	安価, 低維持比, 競争力
	付加価値	
	懸賞, 付録	
生産的要素	作業性	工数少, 手直し少, 特殊技術不要, 作業標準の弾力性
	原材料	品質の弾力性, 在庫容易, 検査容易, 工程能力に適合
	収率	収率大, 手直し容易, 他品種へ転換容易
市場的要素	適時性	流行, 季節
	品質の多様性	ワイドセレクション
	購入決定の契機	各自の基準で選択, オピニオンリーダーの決定, 第三者決定
	ライフサイクル	ライフサイクルが長い, 短いうまみがある

(2) 機能設計の技術の概略の紹介

① 設計要求(ニーズ)の把握

機能設計を行なう前には,まず設計要求(ニーズ)の把握が必要である.製品企画のために設計要求を明確化する際には需要予測が必要である.

表2.2は,需要予測法の色々な技術をまとめたものである.需要の予測ではこれらの技術が活用される.

表2.2 需要予測技術

予測測定	予測内容	予測技術
マクロ的	過去のトレンドに基づく時系列解析による予測	・過去のトレンドによる予測 (a) 多項式による予測 (b) 指数関数による予測 (c) 特殊関数 (logistic 関数, Gompertz 曲線) による予測 (d) 新しい方法による予測 (人工的ニューラルネットワーク, カオス短期予測)
	外部データに基づく予測	・外部データとの相関に基づく予測 (例) GDPとの相関に基づく予測 (a) 回帰分析法 (b) 需要の弾力性分析 (c) 計量経済モデル分析
ミクロ的	内部因子に基づく予測	・内部因子による需要の構造変化をモデル化して予測 (例) 異種交通機関の中の自動車の占める割合 ・マクロ的な需要予測の際に用いた技術も使用可

② 技術予測

機能設計を行なううえで,需要予測とともに今後技術がどのように発達するかを予測する,いわゆる技術予測も重要である.技術予測には探求的予測法と直感的予測法に大別される.これらについては2.1.3 (2)項で少し詳しい説明を行なう.製品の軽量化を考えるうえで関連の技術の今後の動向を知ることは極めて重要である.

③ 機能解析

設計に要求される機能を明確化して記述する技術であり,簡単なものとして

は二元表（品質表）を用いて機能を上位レベルから下位レベルへ展開するもので"機能展開"とも呼ばれる手法がある．またシステム分析による方法も存在し，ISM (Interactive Structural Modeling) などの有効な手法が存在する．

④ 設計解の候補の選択

設計の要求（ニーズ）を満足する解は無数にあると考えてよい．なぜならば，設計の要求を具体的に設計の条件としたときに，それらを満足するような解はいろいろ考えられるからである．例えば，骨組み構造における応力や変位に対する制約条件は部材の断面積を単純に大きくすることで満足される．すなわち，断面積を単に大きく取ればよい．このような設計の候補の解は無数にある．しかし，部材のいたずらな断面積の増加は重量やコストの増大を招き，良い設計の候補とはいい難い．

表2.3に，上流部の設計と下流部の設計の特徴を示す．機能設計の重要な位置を示す上流部の設計の特徴は，設計の自由度が大なこと，設計の条件や目的があいまいなこと，設計の多くの候補の中からいくつかの有力な候補を選ぶ必要があること，得られた設計の解は続く下流の設計過程の中で種々の修正が加えられることなどが挙げられる．

すなわち，設計の要求や機能が明確になった後に，特に機能設計で重要なことは，多くの設計の解候補の中から有力ないくつかの，できるだけ少数の設計の解候補を選択することである．例えば，ある動作や仕事をする機構の候補としては多くのものが考えられる．加工物を把み，かつ別の位置を移動するような機構としては，多リンク式のマニピュレータや回転可能な直動式のマニピュ

表2.3 設計のプロセスとその内容（設計の上流部と下流部の特徴）

設計の上流／下流	特徴
設計の上流部 　設計要求 　概念設計 　基本設計前半部	・自由度 大 ・設計条件があいまい ・多くの候補に中からいくつかの候補を選択（組合せ最適） ・人間の直感や経験依存度 大
設計の下流部 　基本設計後半部 　詳細設計 　生産性など	・自由度 小 ・設計条件が詳細に確定 ・コンピュータや実験などで詳細な検討が可能 ・ある程度の設計システム構築が可能

レータを直ちに思い起こすであろう．このいずれかの機構が与えられた仕事に適しているか，あるいは前者の多リンク式のマニピュレータの場合でも2リンクの，あるいはそれ以上の数の多リンクマニピュレータの方が適しているかを判断して機構の候補を決定する必要がある．

また，これらの機構単独の役割を考えるほかには，動力源，スペース，消費エネルギー，生産性，コストあるいは他の部分の設計との関連なども考えて決定されるであろう．すなわち，問題は多くの設計の解の候補の中からいろいろな条件を考えて適している候補（しばしば好適な候補と呼ばれる）を選択する"組合せ最適化問題"の一つであると考えることができる．

⑤ 感性解析

設計の機能の中に感性的な要素を含ませることには議論があるとは思われるが，一方ではユーザーの感性に関する設計要求にも応えることの重要性が多くの製品において増加しつつあることも事実である．感性を工学的に取り扱うことは一般的には容易ではないが，その一つの方法として"感性工学"と呼ばれている手法があり，そこでは統計的データをもとに多変量解析を行ない，数量化理論（Ⅰ～Ⅳ）に基づいて分析をする方法が多く採用されており，実際の設計にも応用されている．

2.1.3 機能設計のための軽量化の考え方とその手法

(1) 機能設計のための軽量化の考え方

各種機器の機能に対する軽量化の効果を考えると，次の二つの考え方が存在することに気づくであろう．

① 軽量化により，機器の機能そのものの評価の向上を目指す．
② 機器の機能は，あるレベル以上に設定して他の評価を向上させるように軽量化を目指す．

上記①は，軽量化によって機器の機能を直接的に増大しようとする，いわば機能に直接的なメリットを付加する考えである．軽量化による自動車や航空機の運動性能の向上や燃料消費などの節約，ロボットアームの軽量化による運動性能や操作性の向上，機器ユニットの軽量化によるユニット数の増加に伴う機能の向上など，いろいろな機器への応用例が考えられよう．図2.2に，一つの例として自動車の重量（車重）と燃料消費率との関係を示す[3]．軽量化によっ

て，図に示すように顕著の燃料消費率の向上が図れる．自動車の設計では，走行性能も軽量化によって向上するために，軽量材料への置換や構造様式の検討などによって従来から軽量化が図られてきた．

また，軽量化によって性能は一般的には低下する場合が多いが，方式を適切に選択することによって，同一重量における性能を増加させることができることはよく知られていることである．例えば，ロボットなどにおいても，軽量化は直接的に性能に影響を与える．図2.3は，ロボット用アクチュエータの自重の逆数（原点から遠い方が軽量）と発生張力との関係を示す[4]．軽量化により，いずれの方式のアクチュエータにおいても発生張力が一般的に減少することがわかるが，アクチュエータの型によって張力の確保や増加が図られる．

図2.4は，産業用ロボットの自重とロボットが搬送できる重量，いわゆる可搬重量との関係を示す[5]．この図でも，いずれの型のロボットにおい

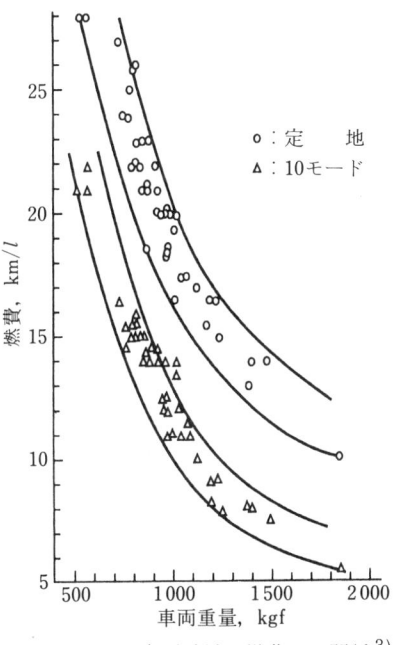

図2.2　車両重量と燃費との関係[3]

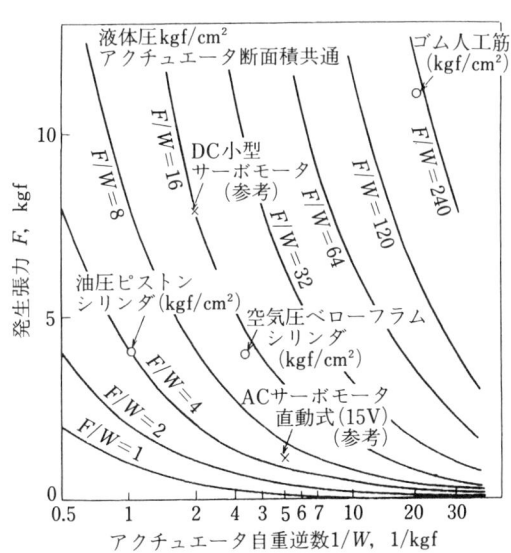

図2.3　アクチュエータ自重と発生張力との関係[4]

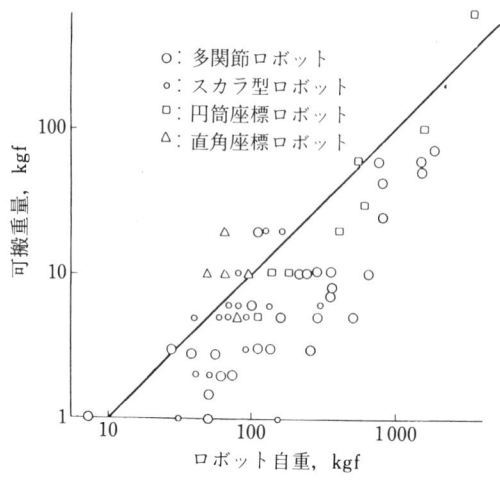

図 2.4 ロボットの自重と可搬重量との関係[5]

ても，軽量化は可搬重量の減少の大きな要因となることがわかるが，ロボットの型の選択によって性能の増加や確保が図られる.

また②では，機器の機能は，あるレベル以上のものを要求して，軽量化によって間接的に他のメリットを求める考え方である．他のメリットとしては，コンパクト化，材料費などの節減によるコストダウン，省資源化などのメリットを求めるものである．ところで，①の考え方は，機器の機能そのものを，いわば評価関数（目的関数）に設定して軽量化によってその向上を図る方法ともいえる．一方，②の考え方は，機器の機能そのものは，いわば設計条件，すなわち制約条件として扱い，別の評価関数の向上を軽量化によって図る方法ともいえる.

いずれの考え方に基づいても，機器の重量と性能などとの関係の概略を知る

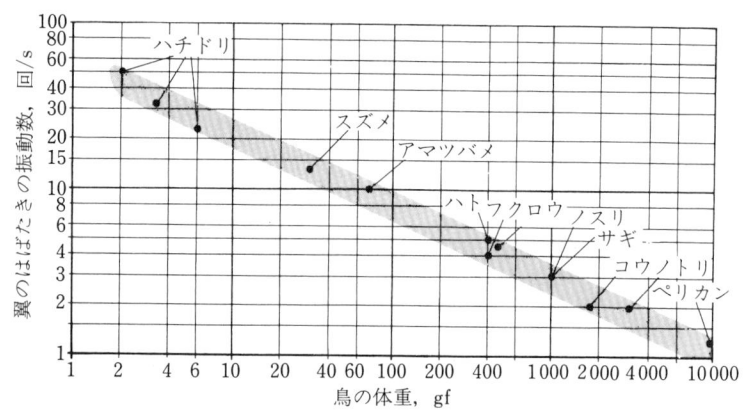

図 2.5 鳥への体重と振動数との関係[6]

ことは重要である．図 2.2 の自動車の重量と燃料消費などとの関係，および図 2.3，図 2.4 のロボットの例のように，機器の重量とある種の性能の間には，直線的ではないが，マクロ的にながめるとベキ乗則的な関係が成立する例が多いことは興味深いことである．もちろん，個々の機器をながめれば，その構成要素材料，構造，そのほか様々なものが異なっているが，ベキ乗則的な関係で整理できる機器が多いことは興味深い点である．この背景には，各種の構成要素

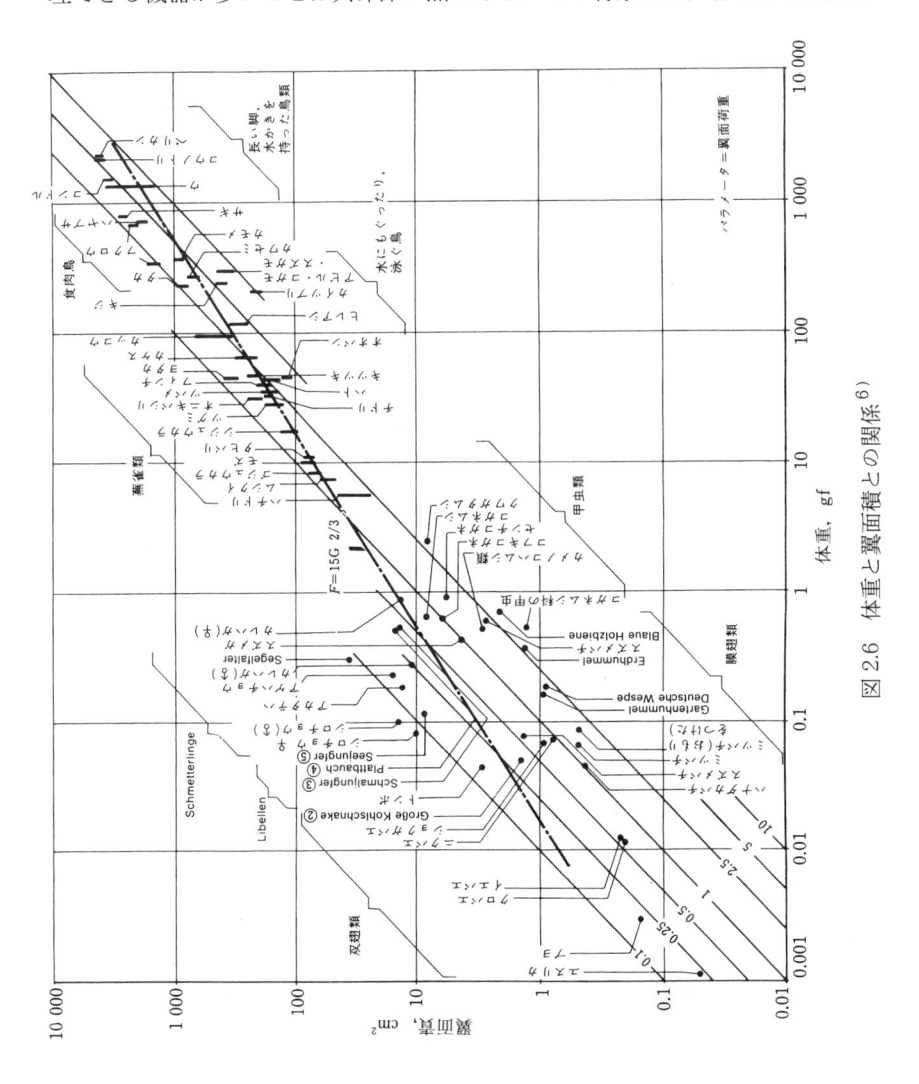

図 2.6 体重と翼面積との関係[6]

に共通に適用できる，またシステム全体にも適用できる評価関数として重量を考えるのは，いささか乱暴な考えであろうか．筆者は，いつもこのような点を考えると，生物の重さとその運動機能との関係を思い起してしまう．Hertelの"バイオエンジニアリング-生物の形と運動に学ぶ"[6]には，生物の体重と運動機能のいろいろな関係が紹介されている．例えば，鳥の体重と運動機能を実現するのに密接な関係がある翼のはばたきの振動数との間には，図2.5のような関係が存在することが紹介されている．

個々の鳥の形や器官などは異なってはいるが，概略的な関係はベキ乗則的なものに従うことは大変に興味深い．また鳥や昆虫などの体重と翼面積との間にも図2.6に示すようなベキ乗則的な関係が紹介されている[6]．

そこで，はなはだ乱暴な議論ではあるが，いろいろな要素を含んだ形で概略的には機器の性能と重量の間には似たような関係が成立するのではないかと類推しており，軽量化を考える際の指針にならないかとも考えている．

（2）機能設計のための軽量化の手法

上記の機能設計のための軽量化の考え方を実現するための技術として考えられるいくつかの技術を以下に簡単に述べよう．

① 需要予測

機能に対する要求の把握の際には，需要予測は一つの重要な技術である．需要予測の方法は既に表2.2にまとめて示した．ここでは，その中で新しい予測法についてのみ少し説明を加える．

a. 人工的ニューラルネットワーク

人工的ニューラルネットワークは，よく知られているように人間の脳神経の情報処理機構を簡単な非線形のモデルでシミュレートしたものである．入力に対して出力を生じる非線形モデルを考え，その結合係数などのパラメータを調整して入・出力関係を順次構築していくもので，一般的には内挿の精度はよいが，外挿の精度は悪いといわれている．しかしながら，外挿の程度にもよるが，大きな外挿でなければ予測技術として有効な手法であると考えられる．

b. カオス短期予測

また，カオス理論に基づく時系列の短期予測法は，時系列データを多次元空間に埋め込むことによって得られる軌道に対して，カオス理論を用いて軌道の

幾何学的特徴を抽出し，その特徴に基づいて将来の時系列データを算出する予測手法である．長所としては，時系列の生成モデルが不要なことや強い非線形性をもつ時系列に対しても良好な予測値が得られることなどが挙げられる．また短所としては，基本的にごく近い将来の局所的データしか算出できないこと，特徴抽出に時間がかかることなどが挙げられる．

なお，これらの予測技術は次の技術予測などの予測技術としても使われる．

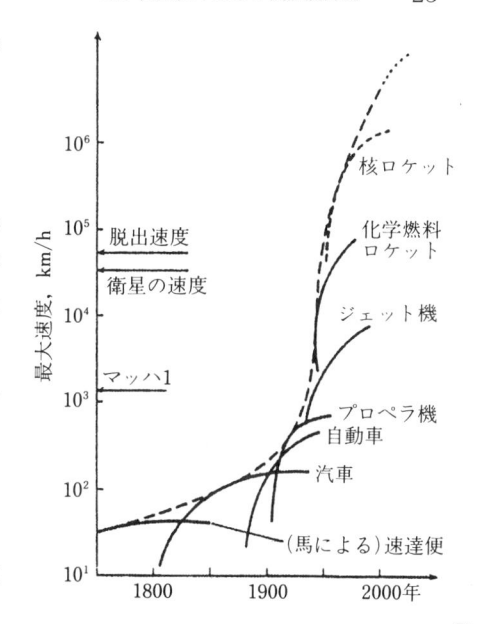

図 2.7 輸送機関の最大速度の包絡曲線の傾向 [7]

② 技術予測

技術の変化には，技術の質的変化を伴って飛躍的な進歩を遂げるようなメタモルフィック的（metamorphic）変化［変身的変化］と，技術の機能拡大や量的拡大などの成長過程を遂げるメタボリック的（metabolic）変化［代謝的変化］が考えられる．2.2節で述べた探求的予測法には，これら二つの変化に対応してそれぞれ包絡曲線法と傾向的外挿法と呼ばれている手法がある．図 2.7 に包絡予測法結果の例 [7] を，また図 2.8 に傾向

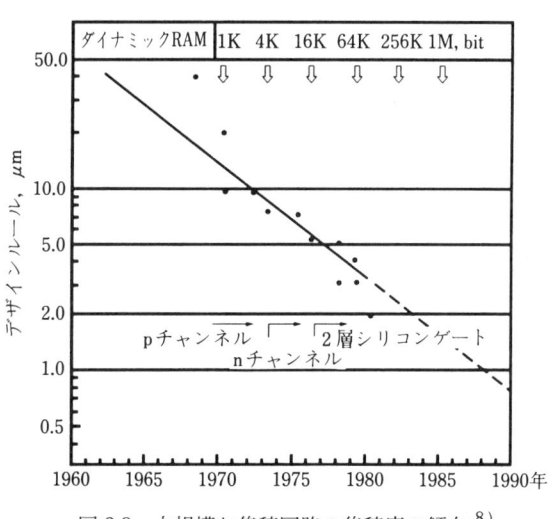

図 2.8 大規模な集積回路の集積度の傾向 [8]

的外挿法の予測結果の例 [8] を示す．

③ 軽量化を考えた機能設計における設計解の探索

軽量化を考えて複数の設計解の中から好適な設計解を探索する方法は，工学的問題を対象とした"組合せ満足化問題（combinatorial satisficing problems）"，あるいは"組合せ最適化問題（combinatorial optimum problems）"の一つと考えられる．ここで満足化問題とは，ある制約条件のもとで目的関数（評価関数）があるレベル以上，あるいは以下となるような解を見出す問題のことで，最適化問題とは，ある制約条件のもとで目的関数（評価関数）を最大化あるいは最小化するような解を見出す問題のことである．両者に"組合せ"の接頭語が付くのは，複数の候補の中から解を選ぶということを示している．組合せ最適化問題は，従来からいろいろな分野に存在している問題で，特にその中で

1) 巡回セールスマン問題（traveling salesman problem：〔例〕セールスマンの都市の巡回の順番，最短距離，最短時間を探索）
2) スケジューリング問題（scheduling problem：〔例〕パイロットや看護婦のスケジュールの効率化を探索）
3) ナップ・ザック問題（knapsack problem：〔例〕物の詰め込みの効率化，最小体積を探索）

などが有名である．これらの問題は工学的な問題にもよく現われる問題でもある．例えば，3) のナップ・ザック問題は，自動車のボンネット内部や種々の機器の筐体の中へ部品をいかにコンパクトに配置するかなどの問題に相当している．もちろんこれらの場合には，面積や体積といった量のほかに，工学的な観点からの諸制約も考える必要がある．ここで，いろいろな最適化問題の解法である"最適化手法"をながめてみよう．表2.4は，最適化手法をまとめたものである．

組合せ最適化問題の解法として，従来は同表中の"線形計画法"を基とした"整数計画法"や"離散的最適化法"が用いられてきたが，一方では変数の数が大きくなるとその限界が指摘されてきた．最近では，これらの問題に対して"AI的手法"，"人工的ニューラルネットワーク"や"遺伝的アルゴリズム"などの，いわゆる創発的な手法が活用されはじめてその効果を上げている．

ここで重要な点は，解候補として少数の候補が同時に得られることが望まし

表 2.4 最適化手法

従来の方法	比較的新しい手法	
線形計画法（LP） ・シンプレックス法 ・カーマーカー法	ニューラルネットワーク（NN） ファジィ推論	・各種同定 ・組合せ最適化 ・多峰性問題の最適化 ・近似最適化
非線形計画法（NP） ・傾斜法 ・逐次線形計画法 ・逐次二次計画法 ・凸計画法 ・その他，多数の方法が存在	AI技術（各種推論，オブジェクト指向，……） 創発的（emergent）技術 ・遺伝的アルゴリズム（GA） ・セルラーオートマトン（CA） ・免疫アルゴリズム（IA） 複合領域の最適化手法（応答曲面法，実験計画法などを含む）	・創発的最適化 ・複合領域の最適化 ⋮ などに好適

いこと，多くの極小値や極大値を含む，いわゆる多様性の問題が解き得ることや解にロバスト性があることなどである．これらの点について創発的な手法はある程度の成果を上げているが，その詳細は割愛する．

軽量化を考えた機能設計では，重量を目標にしてこれらの最適化手法を用いて組合せ満足化問題や組合せ最適化問題を解く方法がいろいろな点から考えて合理的な方法である．

④ **機能設計における構成要素などの軽量化**

機能設計における構成要素の組合せの少数の候補が選ばれた後の軽量化は，個々の構成要素の重量を目的とした満足化設計あるいは最適設計（最小重量設計）と考えられる．この最適化問題は多くの場合，構成要素の解析とそれに適応した最適化のソフトウェアによって解かれる．これらの最適化のソフトウェアが用いている最適化手法は表2.4の中の"線形計画法"や"非線形計画法"の各手法が主流となっている．

⑤ **機能設計と大幅な軽量化**

前述の③，④項の手法を使って，定性的な表現ではあるが，ある程度の軽量化は有効に進められるものと考えられる．しかしながら，大幅な軽量化は必ずしもそれほど容易ではないと考えられる．これは，既存の構成要素の機能や軽

量化の限界が主な原因となる．したがって，機能設計における大幅な軽量化は，何らかの形のブレークスルーが必要となる．すなわち，メタモルフィックな技術を用いてまったく別の技術予測を考えることが必要であろう．機構，材料，構造，制御方式，動力などの，まったく別の技術の導入が必要であろう．

⑥ 機能設計のための軽量化方法の流れ図

ここでは以上の①～⑤項で述べた点をまとめて図2.9に流れ図として示す（［ ］内に関連技術を示しておく）．

2.1.4 機能設計における軽量化の実際の試み

ここでは，機能設計における軽量化という観点から実際に試みられた例を紙面の都合で簡単な3例のみ紹介しよう．

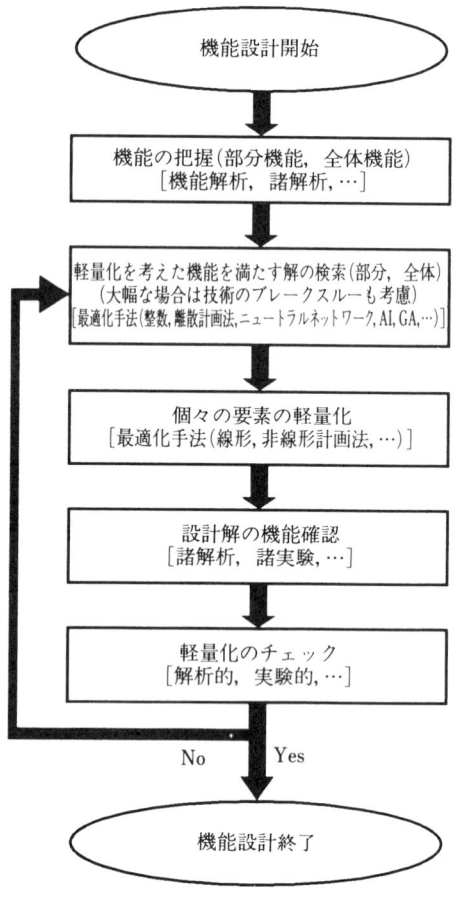

図2.9 軽量化を考えた機能設計の流れ

【例1】平面リンクの機構設計への適用[9]

障害物などの空間的な制約や重量最小化などの制約のもとで入力した力を他の点まで伝達し出力するような平面リンクの設計は，定式化が困難なために設計者の経験に負うところが大きい．中村らは，この種の問題を遺伝的アルゴリズムで取り扱っている[9]．一つのリンクを力点，支点，作用点の3点からなると考え，てこの原理により力を伝達するものとしている．

図2.10のように，各リンクの上記3点を一つの遺伝子として遺伝的アルゴ

リズムを用いて下記の適応度の最小化を図っている.

$$F = \alpha D + \beta l + \gamma U + \delta W$$

ここで，D：出力される力の向き（0→順方向，1→0，2→逆方向），l：障害物との干渉数，U：不能のリンク数，W：部材の総重量である．図2.11に計算結果の例を示す（$\alpha = 10$, $\beta = 100$, $\gamma = 10$, $\delta = 1$）．

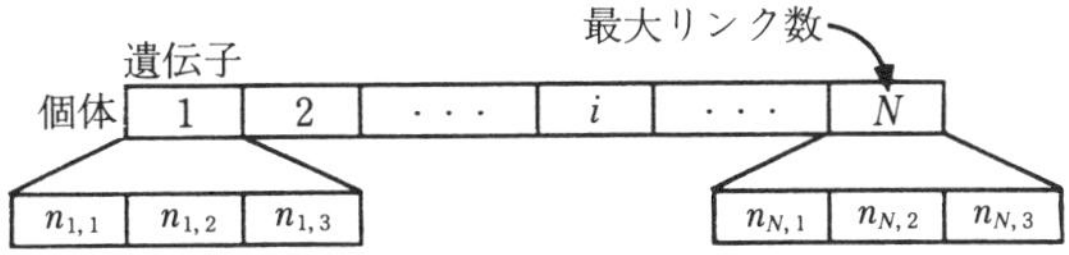

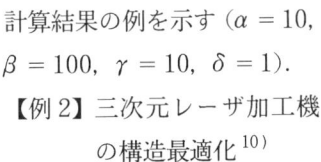

図2.10 個体の表現

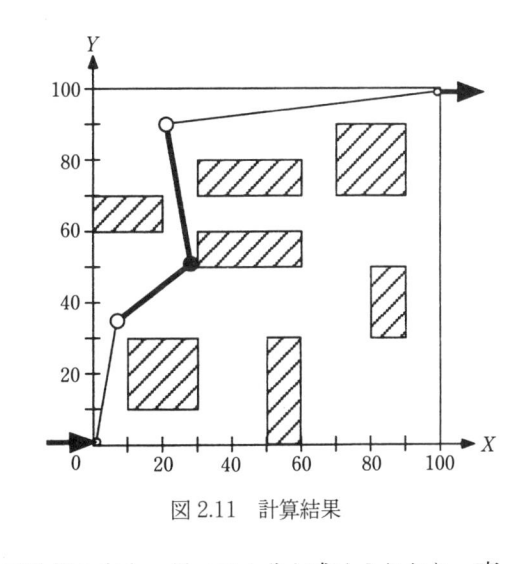

【例2】三次元レーザ加工機の構造最適化[10]

坂本らは，三次元のレーザ加工機のフレームの構想設計の段階で軽量化を図った[10]．

図2.11 計算結果

三次元のレーザ加工機は，加工性能の向上，低コスト化が求められおり，高剛性化と軽量化を同時に達成する必要がある．図2.12に，三次元レーザ加工機の解析モデルおよび設計パラメータ（$P_1 \sim P_8$）を示す．

$P_1 \sim P_4$ は寸法（連続量），$P_5 \sim P_8$ は板厚（離散量）である．レーザ光が照射されるユニットは集中質量としてモデル化し，固定条件はコラムの下部を固定としている．一次の固有振動数 f を現行モデルの f_a と変わらないようにし，かつ軽量化するために重量 W_e とともに下記の評価関数

$$F = W_e + 0.01 \times (f - f_a)^2$$

を考え，その最小化を図っている．シミューレーテッドアニーリング（SA），応答曲面法（RSM），並列遺伝的アルゴリズム（P-GA）の各方法を用いて最適化を試みた結果（固有振動数は f_a で，その他は P-GA の結果で無次元化した結果）を表2.5に示す[10]．

【例3】ピエゾ材料を用いた柔軟アクチュエータの創成 [11]

構造物の適切な場所に柔軟性を付加することにより，機構としての機能を与えることが可能である．さらに，その一部にピエゾ材料を用いると，そのアクチュエータやトランジューサとしての性能の増大が図られる．西脇らは，均質化法という手法を用いて，上記のようなピエゾ材料を用いた柔軟アクチュエータの創成を行っている．

図2.13は，ピエゾ材料で起動するグリッパの形状（位相）設計の際のピエゾアクチュエータの取付け位置，グリッパの形状（位相）設計のための設計領域，および境界条件を示している．ピエゾ材料は，任意の形状に加工することが困難であるために，長方形の形状として左下隅に位置させてある．グリッパの機能として図2.13のピエゾアクチュエータ表面

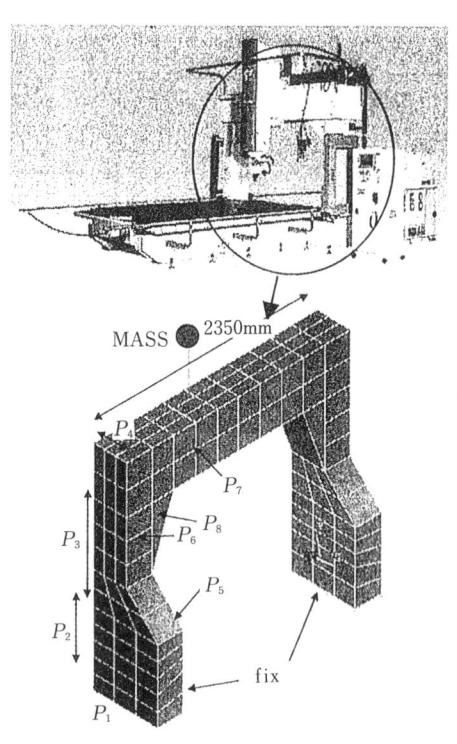

図 2.12 三次元レーザ加工機の有限要素モデル

表 2.5 三次元レーザ加工機の最適化結果 [10]

方法	E	f/f_a	重量	P_1	P_2	P_3
P-GA	1.00	0.98	1.00	1.00	1.00	1.00
RSM	1.14	0.98	1.11	079	1.25	0.66
SA	1.10	0.99	1.12	0.91	1.23	0.70

方法	P_3	P_4	P_5	P_6	P_7	P_8
P-GA	1.00	1.00	1.00	1.00	1.00	1.00
RSM	0.66	1.02	1.45	0.68	1.17	1.22
SA	0.70	0.92	1.18	1.00	1.17	2.67

電荷を均一に負荷した場合の出力を柔軟構造で伝達・増幅して左上隅の単位電荷 F^2 方向の変位を増大させて対象物をつかむことを想定している.

均質化法をもとにして質量制約のもとで最適化手法を活用して図 2.13 の左上隅の F^2 方向の変位を最大化するとともに，この左上隅における剛性の最大化を図っている．最適化手法として遂次線形計画法（SLP）を用いて計算した最適形状（位相）の結果を図 2.14 に示し，グリッパ全体の設計結果を図 2.15 に示す．このように，図 2.9 のような設計のフローに従うことにより，軽量化と機能増大の両方を目標とした新しい構造形態の設計も可能となる.

2.1.5 おわりに

以上，機能設計のための軽量化手法というテーマについて解説を試みたが，かなり独断的な記述も散見される．筆者は機能と重量という二つのキーワードには高い関心を以前からもっており，今後も検討していきたいと考えている.

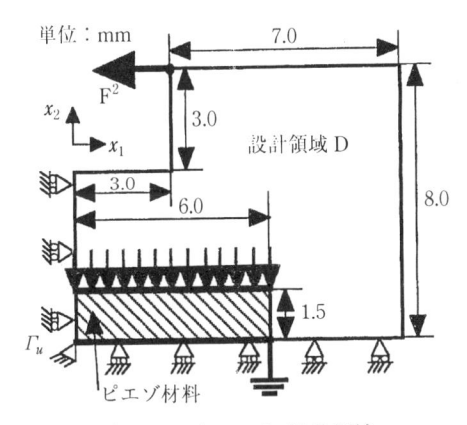

図 2.13 グリッパの設計領域

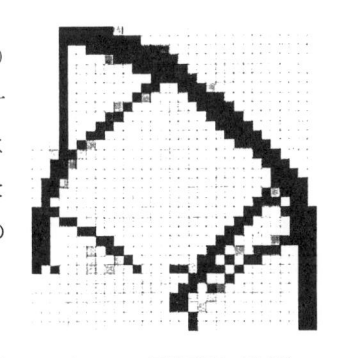

図 2.14 最適形状（位相）

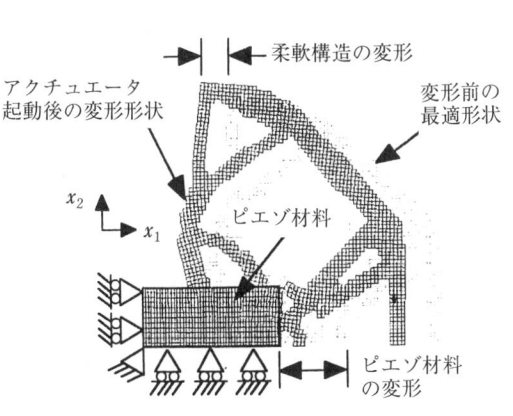

図 2.15 最適グリッパの形状と変形

2.2 軽量化のための構造設計法

2.2.1 はじめに

機械構造物の軽量化設計は，材料の節減，高機能追求，エネルギーの節約のためなど，ほとんどの製品設計の過程で当然実施されており，その効用について今さら詳しく述べる必要はないものと考える．構造設計では，「より軽く，より強く」を設計者なら誰でも目指すところである．構造の軽量化設計は，恐らく熟練した設計者にとって，日常，ある程度無意識に実施している設計行為である．しかし，この分野はそれを自動的に実施してくれる最近の普及が目覚ましい構造最適設計の一分野とも考えることができる．

そこで，本節ではまず構造最適設計の分類と方法論，最近のソフトウェアについて概観する．そして，軽量化のための基本設計原則について論じ，具体的な設計例について骨組構造，板殻構造，連続体構造に分けて示す．

2.2.2 構造設計問題の分類と設計過程

(1) 構造設計問題の整理

機械の部品やそれらが組み立てられたある特定の機能をもつ機械は，それらを構造物という視点から眺めると，一般にある荷重を別の部品に伝達する，あるいは支持される基礎に伝える部材，またはそれらの集合構造とみることができる．もちろん可動部品を含む場合には，その伝達すべき荷重は時間とともに変動する場合もありうるし，それに伴って荷重を支持する位置が変動することもある．したがって，構造設計は，まず設計対象とする部品や機械に加わる荷重と，それを支持する空間上の位置を特定し，設計可能な空間（構造物が占めることのできる空間）を，部品などの機能や設計仕様を考慮しながら定めることから始まる．

次に，その荷重や支持，空間の設計条件を満たす構造物をどのような種類の構造で実現するかを選択する必要がある．図 2.16 に示すように，荷重 P を負荷点と距離 d だけ離れた平行な壁に伝える単純な問題（コート掛け問題）を考えても，それを実現する構造として，トラス（部材間が回転自由なピンで接合された骨組）やラーメン構造（部材間が剛接合された骨組），あるいはそれらをミックスした複合構造，板や殻（シェル），あるいはそれらを組み立てた構造，

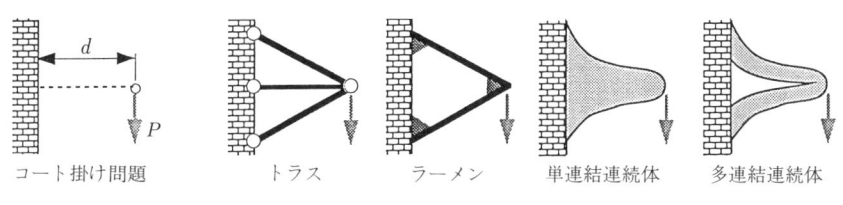

図 2.16　コート掛け問題を実現する構造の種類

三次元的なブロック（連続体）のどれを採用すればよいかの選択が必要である．このとき，単に強度だけではなく，材料とその加工性や製造コストなども当然加味した選択となる．

　構造を選択したら，次に具体的な構造設計に入るが，そのときにも設計過程が幾つかの種類に分類される．つまり骨組構造を採用した場合でも，部材の本数や接合点の数，また部材をどう組み立てるのか，補強板殻構造では補強材（スティフナー）の配置形態をどうするのか，あるいは連続体を採用した場合には物体の中に穴があってもよい多連結連続体も許すのかなど，構造形態を定める問題（形態設計）があり，これが最も難しい．形態が定まったとして，骨組構造の接合点の位置や，板殻の外形状，連続体の外形状や内部の穴の形状を定める形状設計問題がある．そして，さらに定まった形状に対して骨組構造の部材断面積や板殻構造の板厚，スティフナーの寸法，連続体の各種寸法などを定める寸法設計となる．寸法設計は最も数理的な最適化手法を利用しやすく，解決容易な設計問題である．現在までに，形態設計と形状設計を同時に実施する，あるいは形状設計と寸法設計を同時に実施する方法が開発されているが，すべてを同時に実施する方法はまだ研究途上にあるとみるのが一般的である．表2.6 に，各設計問題に対応した一般的な設計変数を示す．これらの分類からも上記の設計の分類が理解できよう．

　以上の構造設計の過程をもう一度まとめると

（1）設計問題の設定：設計対象構造が支える荷重と，支持条件，三次元的な設計空間を設計仕様を考慮して特定する．

（2）構造形態の選択：骨組構造，板殻構造あるいは連続体のうち，どの構造を採用するかを決定し，どんな材料を用いるかを選択する．

（3）設計解の探索：具体的にどんな構造形態をとり，どんな形状を採用する

表 2.6 設計変数の分類

構造の種類	寸法設計	形状設計	形態設計
骨組構造	断面積，断面二次モーメント，断面二次極モーメント，断面の具体的寸法	接合点の位置	接合点間の部材の配置
板殻構造（含む補強構造）	板厚，板殻の寸法，補強材の断面積，断面二次モーメント，補強材の寸法	板殻の外形状，殻の三次元形状，穴の形状と位置	穴の位置，補強材の配置
連続体構造	連続体の外寸法，穴寸法	外形状，穴形状と位置	密度・弾性係数分布

か，またどんな寸法にするかを定める．その過程で必要に応じて後述の構造最適化法が利用できる．

第 3 ステップの設計解の探索過程では，設計対象の構造の重量軽減を目的（目的関数）に構造の形態や形状，寸法のうち何が変更可能であるか（設計変数という）を選択し，数理的な手法によってそれらの設計パラメータを決定することができる．それを一般に構造最適設計法と呼ぶ．その際に，構造の強度（最大応力，座屈荷重など）や剛性（変形やたわみ），振動数などの力学的設計条件と，設計仕様や機能面からくる形状や寸法，形態変更に関する幾何学的設計条件を満足する必要がある．考慮すべき条件は，その二つに限らず力学的条件とともに制御特性，空力弾性特性，熱流体特性，電磁特性など，種々の複合した領域の特性をも加味して設計しなければならない設計問題（これを複合領域最適化と呼ぶ）も実際の設計では頻繁に出くわす．

以上より基本的な構造の軽量化設計問題は，設計変更可能なパラメータを設計変数 $\boldsymbol{b} = (b_1, b_2, \cdots)^T$ と表わして，数学的に次のように書くことができる．

目的関数：$f(\boldsymbol{b}) \to \min$ (2.1)

応力制約：$\sigma_j(\boldsymbol{b}) \leq \sigma_a \ (j = 1, 2, \cdots)$ (2.2)

変形制約：$\delta_k(\boldsymbol{b}) \leq \delta_a \ (k = 1, 2, \cdots)$ (2.3)

座屈制約：$\sigma_{\mathrm{cr}\,l}(\boldsymbol{b}) \geq \sigma_{\mathrm{cra}} \ (l = 1, 2, \cdots)$ (2.4)

振動数制約：$\omega_{\mathrm{cr}\,m}(\boldsymbol{b}) \geq \omega_a \ (m = 1, 2, \cdots)$ (2.5)

上下限制約：$\boldsymbol{b}^L \leq \boldsymbol{b} \leq \boldsymbol{b}^U$ (2.6)

ここで，$f(\boldsymbol{b})$ は構造重量，σ_a, δ_a, σ_{cra}, ω_a は応力，変形，座屈強度，自由振動数の許容値とする．また，$\boldsymbol{b}^L$, $\boldsymbol{b}^U$ は設計変数の下限と上限を表わすベクトルである．このほか幾何学的な制約も存在する．さらに複合領域の構造最適化では，空力弾性特性や制御特性など，構造挙動以外の特性に関する制約条件も必要となる．

(2) 数理最適化法の分類

さて，数学的には上記のように記述される重量最小化設計問題は，手計算で変位や応力などの構造応答が計算できる単純な場合を除き，一般に有限要素法などの構造解析計算，数値シミュレーションを必要とする．また，設計問題の解を得るには数理的な最適化手法が用いられる．具体的には以下に示す三つの手法があるが，ここではそれらの特徴を述べるに止める．詳細はその方面の文献を参照されたい[12],[13]．

① 数理計画法

線形計画法，非線形計画法（許容方向法，乗数法ほか）など，目的関数や制約関数の関数値と，それらの勾配情報をもとに解を探索する手法．汎用性は高いが，探索効率は低い．制約条件は多くてもよいが，設計変数の多い問題には不向き．寸法設計，形状設計に多用されている．

② 最適性規準法

問題ごとに設計問題の最適解が満足すべき条件（最適性規準）を導出して，その規準を満たすよう設計変数を逐次修正する方法．制約条件が少なく，設計変数の多い問題に向く．形態最適化に多用されている．

③ 進化的探索手法

遺伝的アルゴリズム（GA），シミュレーテッドアニーリング（SA），ニューラルネットワーク（NN）などに代表される最近の最適探索手法．関数値評価を多数回必要とするが，アルゴリズムが単純で，組合せ最適化や複数の極大・極小をもつ関数の大域的最適解も探索可能なものもある．

2.2.3 構造最適化システム

(1) 設計感度解析

最適性規準法や数理計画法では，前章の軽量化設計の解を探索する過程で構造応答の設計変数の変動に対応する影響度，いわゆる設計感度が頻繁に必要と

なる．設計感度は，構造の応答値を下げる（あるいは上げる）ために，各設計変数を増やせばよいのか，あるいは減らせばよいのか，そしてどの設計変数がより効果的かの情報を与えてくれる．後述の最適化システムを使わないで，設計者が自らその設計感度情報を用いて，直接，設計変更を構造モデルに加える場合にも有用である．

そこで，設計感度解析法について概観する[14]．有限要素法による静的構造解析では剛性方程式 $F = Kd$ を解いて変位ベクトル d が求められ，その結果を用いて各有限要素ごとに応力が $\sigma^{(e)} = DBd^{(e)}$ で計算される．ここに，F，K，D，B は荷重ベクトル，剛性マトリックス，応力－ひずみマトリックス，ひずみ－変位マトリックスをそれぞれ表わす．また，上付き添字 (e) は要素に関する諸量を示す．

最も単純な設計感度解析の方法は直接微分法と呼ばれ，上記の剛性方程式を設計変数 b で微分して得られる次の感度方程式を $\partial d / \partial b_i$ について解いて，変位ベクトルの設計感度を得る．

$$K \frac{\partial d}{\partial b_i} = \frac{\partial F}{\partial b_i} - \frac{\partial K}{\partial b_i} d \tag{2.7}$$

それを応力の式を微分した応力感度の式に代入すれば，各要素ごとに応力の設計感度も求められる．座屈荷重や固有振動数の設計感度についても別の方法で求めることができ[14]．こうした設計感度の計算機能は，NASTRAN をはじめ広く普及しているほとんどの汎用構造解析コードに完備されている．

表2.7　10部材平面トラスの応力設計感度

A_i	$\partial \sigma_5 / \partial A_i$	$\partial \sigma_7 / \partial A_i$	$\partial w_2 / \partial A_i$
1	0.2055	-0.0234	0.0186
2	-1.7397	-0.7102	-0.0218
3	-0.2600	0.0296	0.0124
4	-0.0159	-0.0065	0.0153
5	-58.802	-24.003	-0.2805
6	-1.739	-0.7101	-0.0218
7	-20.921	-10.995	0.0355
8	0.5764	-0.0655	0.0256
9	-0.0225	-0.0092	0.0215
10	-4.9206	-2.0086	-0.0616

表2.7は，図2.17に示す10部材平面トラス構造の各断面積 A_i を設計変数とする部材応力とたわみの設計感度を示す．これより，どの部材の断面積を削って軽量化を図ればよいかが判断できる．

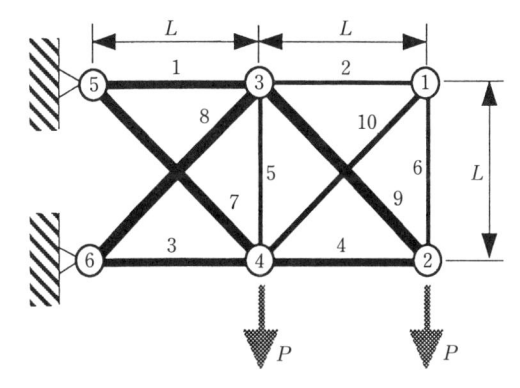

$L = 360$ mm, $P = 1\,000$ N, $E = 200$ GPa
$A_1 = 28.6$, $A_2 = A_5 = A_6 = A_{10} = 0.2$,
$A_3 = 23.6$, $A_4 = 15.4$, $A_7 = 3.0$, $A_8 = 21.0$,
$A_9 = 21.8$ mm^2

図2.17　10部材平面トラス構造モデル

（2）近似法

近似法は，有限要素法などのシミュレーションによって応答が与えられる計算負荷の大きな設計問題に対し，より少ない応答解析回数によって最適解に到達するための手法である．一般に，最適化ソフトウェアと構造解析コードを直接結合して構造最適設計を行なおうとすると，最適化のソフトウェアが目的関数や制約関数の評価を必要とするたびに構造解析コードが呼び出され，それが計算機の負荷のほとんどを占め，最適解を得るまでに数百回，数千回の構造解析が必要となることも稀ではない．そこで，コンピュータの負荷を減少させ，効率的に最適解を探索するための手法として様々な近似法が考案され，実用最適化ソフトウェアにも組み込まれている．1回あるいは複数回の構造解析と，利用可能であれば設計感度解析結果を用いて設計問題の近似式を構成し，それを数理計画法などの最適化アルゴリズムで解く．そうすることにより最適化のアルゴリズムから頻繁に構造応答解析コードを直接呼び出すことを避けることができる[15]．

近似法を大別すると，局所近似法と大域近似法とがある．手法の概要は以下のとおりである．

① 局所近似

　一つまたは近傍の少数の設計点における構造応答，設計感度情報をもとに，その近傍のみで有効な近似式を構成し，設計点の移動制約のもとに近似最適解を定め，これを繰り返すことで大域的最適解へと徐々に近づけようとする手法である．線形応答を含む最適化に効率的である．

② 大域近似（応答曲面法）

　設計空間の多くの設計点の情報をもとに全域で有効な近似式を構成し，一度に大域的最適解へ到達しようとする方法で，同種の設計で繰り返し利用する場合などに有用であるが，その分，多くの設計点での構造解析などが必要となる．構造応答を計算する点を選択するのに実験計画法などが用いられる．設計感度解析を必要としないため，弾塑性や衝撃圧潰など非線形応答を含む場合に多用される．

(3) 汎用構造最適化ソフトウェアの例

　数理計画法を用いた汎用最適化ソフトウェアとしてDOT/DOCが有名である．最近では，MSC/NASTRAN，ANSYSなど，ほとんどの有限要素解析汎用コードにも構造最適設計機能が備わっており，寸法最適化のみならず連続体，板殻構造の形状最適化なども可能となっている．さらに，最適化部と同時に構造解析部も一体で開発されたGENESIS (VMA) もある．汎用構造最適化システムでは最適化部に上述のDOTを採用しているものが多い．さらには，IDEASをはじめ主流の三次元CAD/CAM/CAEソフトウェアでもCAEオプションとして構造最適化機能を提供している．幾何学形状データを三次元CADソフトウェアと共有し，自動的に最適設計モデルを生成するなど，設計利用のための効率的な作業環境を提供している．

　一方，汎用構造最適化システムの実用設計への利用が広がるにつれて，構造応答に止まらず，複合領域最適化問題へと最適化法の利用ニーズが高まりつつある．それを支援するための設計最適化支援ソフトウェアであるiSIGHT (ENGINEOUS) やVisual DOC (VR&D) が普及して多くの実用設計に利用されるようになりつつある点も注目すべきであろう．

　複合領域最適設計は，一連の設計過程において個別に実施されていた複数の領域の設計を初期の設計段階から統合して扱い，従来，専門の異なる設計担当

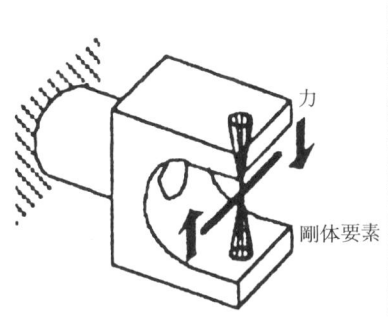

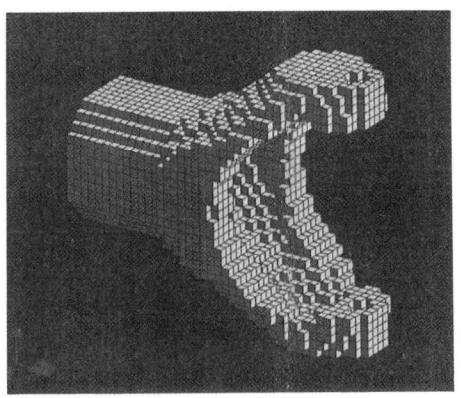

(a) 設計モデル　　　　　　　(b) 最適トポロジー

図 2.18　ジョイントの形態最適化例（くいんと）

者間で往復していた設計プロセスの無駄を除き，全体としてよりバランスのとれた設計を実現するうえで極めて有用である．また，異なる領域の複数の設計指標を同時に考える多基準（多目的）最適化問題や満足化設計の実用問題への適用の促進効果も期待できる．

一方，従来からの有限要素構造解析コードと数理計画法を結合したシステムでは構造の位相，形態設計問題の取扱いに限界があることから，最適性規準法に基礎をおいて材料密度分布を求める均質化法[16]を用いた構造形態創成汎用コードである OPTISHAPE（くいんと）や，要素除去法を利用した汎用コードである NISAOPT なども出現している．取扱い可能な設計問題はかなり限定されるが，極めて創造的な形態設計が可能になりつつある．図 2.18 は，引張りとトルクを伝達する継手の最適トポロジーの設計例を示している．

2.2.4　軽量化設計のストラットジー

さて以上は，軽量構造設計法の方法論についてみてきたが，構造を決定する，いわゆる上流の設計過程では，まだまだ骨組や連続体などの複数の基本構造の種類の中から設計者自身が先見的に構造の種類を選択したり，何を設計変数ととるかを決定する過程が存在する．

そこで，本項では軽量化設計のために基本構造の中からどの種類を選択すればよいか，それを決定する場合に考慮すべき点などについて著者の考えを中心

に示すことにする．

（1）軽量構造の種類選択の原則

　構造の種類選択が軽量化の程度を根本的に決定する．種々の設計制約を満足する構造を一般の構造部品のように連続体で実現しようとすると，ほとんどの場合最も重くなる．連続体でも中に穴がある多連結体の方が軽い．自動車の外板ボディーのように，もし板殻で構成できるのであればより軽く設計できる．さらに，航空機の胴体構造や船体構造にみられるように，板殻構造に補強材を張り巡らすことで大型の構造物も実現可能である（図2.19）．

　究極の軽量構造は骨組みである．ラーメン構造よりトラス構造の方が無駄がない．これを荷重負担の側から整理してみると，部材の各部分にかかる応力は曲げやせん断，ねじりよりも，引張り，圧縮応力が一様に発生するように，また耐座屈性を考えると圧縮応力より引張応力場となるように設計するのがよい．そして，発生する応力はできるだけ全域無駄のない一様な応力場となるよう設計すれば，その分だけ剛性が増加して，ひいては座屈強度，基本振動数も上昇する．

　また採用する材料によっては，その材料の特性を引き出す設計に心掛けるとよい場合がある．例えば，コンクリートは引張強度よりも数倍，圧縮強度が高いので，アーチ橋のようになるだけ圧縮部材だけで構成する構造とする方が強い．さらに，後述のようにサンドイッチパネルや複合材料積層板のように，複数の材料を適材適所に組み合わせて用いることで，単一の材料では到底達成できない強度や剛性を引き出せる可能性をもっている．しかし，部材としてそのままリサイクルできる場合や脱着可能な機械式組立て構造の場合を除いて，現状では一般に再利用や再資源化が困難なため，複合材料の利用は必要最小限に止めるべきであり，今後，設計においてこの視点が重要視されるものと予想される．

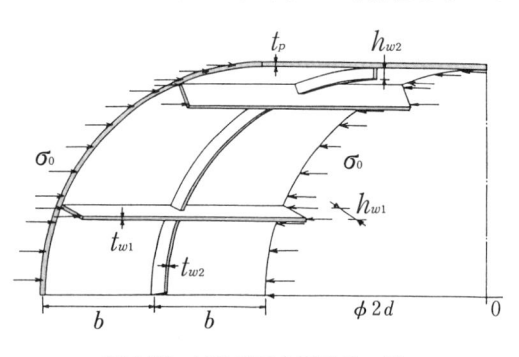

図2.19　補強材付き円筒殻の例

(2) 骨組構造の軽量化設計

軽量化の観点からは、一般に荷重分担に無駄のない骨組構造が最も有利である。他の部材との接合が回転自由なトラス構造部材は、引張軸力あるいは圧縮軸力のみを分担するので、最も理想的である。図2.20は、荷重 P を距離 d だけ離れた2支持点（支持点間距離 h、ただし $h < 2d$）に伝達する究極の絶対最適解（ミッチェル構造）の構造形態を示している。トラス連続体と呼ぶ引張・圧縮応力のみを受けもつ部材が無数に存在する理想的な形態である。これを多数の離散的な部材で置き換えることで、理想的な構造がある程度実現可能である。しかし実際には、圧縮部材は座屈強度の限界から断面形状と長さの比に限界があること、部材間を接合するためのジョイントが実際には存在することなどの理由で、理想の解とはどうしても隔たりが生ずる。座屈荷重を上げるため、円筒や角筒形の圧縮部材では竹の節のように一定間隔ごとに補強して断面が潰れるの防ぐというアイディアもある。その点で自然界の構造はうまく軽量化が図られているとみることができる。また部材数が多くなると、一般に組立て費用がかさばることも採用に際しては考慮されなければならない。トラス構造は大型の建築構造物や橋梁などに多く採用されているが、機械部品のように寸法が小さくなってくると、部材の製作や加工、組立ての限界最小寸法が実際には存在する。

一方、ラーメン構造はトラス構造に次いで軽量化にとって有用な構造である。ラーメン部材は引張・圧縮軸力のほかに曲げ、ねじりの部材力も受けもつことができる。長い部材が曲げやねじり力を受けると、曲げの中立軸やねじり中心のように必ず断面内にそれらによる応力が生じない部分ができるので、例えば円筒のように断面二次モーメント、二次極モーメントが大きくなる断面形状が有利である。またラーメン部材では、たとえ圧縮軸力を受けなくても、曲げ荷重によって部分的に圧縮応力

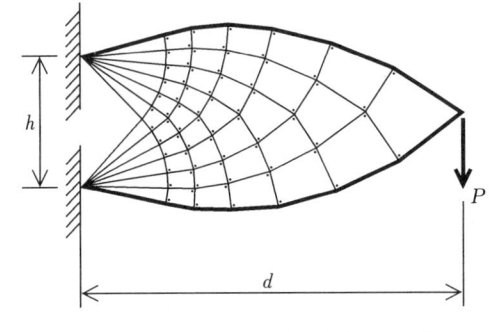

図2.20 ミッチェル構造の構造配置形態

場が発生し，例えば，図2.21に示すH型鋼はりのフランジ部のように局部座屈に配慮しなければならない場合が多い．

（3）板・シェルの軽量化設計

構造が常に骨組構造で構成できるとは限らず，分布荷重や圧力を支えるためとか，空間を区切る必要があるとか，様々な機能的な要求から板殻構造を採用しなければならないことも多い．この場合，最も有利な構造は内圧を受けるドーム屋根や大型テント屋根にみられるように板殻が引張力のみを受ける膜構造である（もちろん別の圧縮部材と組み合わせた利用）．しかし，一般の機械構造設計ではそうした構造が採用できることは稀で，常に曲げ応力が発生し，たわみも大きい．振動，騒音の発生源にもなりやすい．

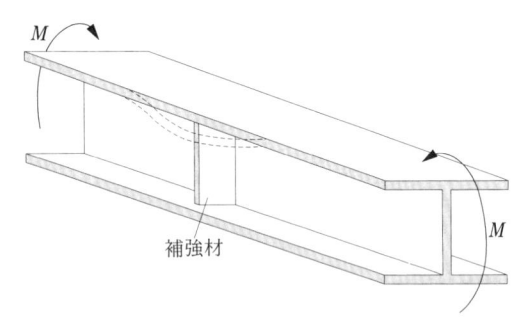

図2.21　H型鋼はりのフランジ座屈補強

板殻構造の軽量化設計で，まず誰でも気づくのは発生応力や曲げモーメントに応じて板厚を変化させることである．先に紹介した構造最適化ソフトウェアでもちろん可能であるが，製作コストがかかるので削り出しやプラスチック製品のように型成形が可能な場合に限定されよう．板殻組立て構造では，製造行程を加味したグループ単位ごとに厚みを変化させることで製造コストの増加を押さえることができよう．また一定厚みの板でもコルゲート板，コルゲートパイプのようにハット型あるいは波型の断面形状をとることで，一方向のみではあるが曲げ強度や剛性を上げることができる（図2.22参照）．また最近では，単に強度や剛性に止まらず，衝撃時の吸収エネルギーなど，非線形の構造応答を考慮した軽量化設計も最適化技術を駆使して実施されるようになっている．図2.23は，円筒を衝撃圧潰する場合の圧潰パターンを制御して吸収エネルギーの増加を図るシミュレーション例である（規則的に潰す方が吸収がよい）[17]．

板殻の片面あるいは両面に補強材（スティフナーあるいはリブともいう）を配置することで，強度的にも剛性的にもより有利な板殻構造を形成できる．円

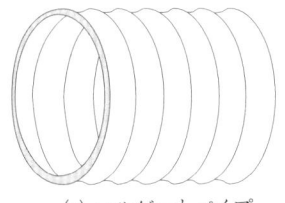

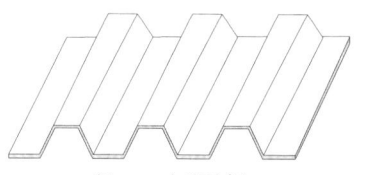

(a) コルゲートパイプ　　　　(b) ハット型波板

図 2.22　ハット型板構造とコルゲート管

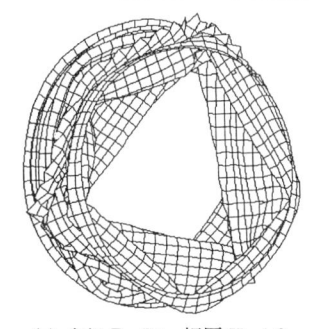

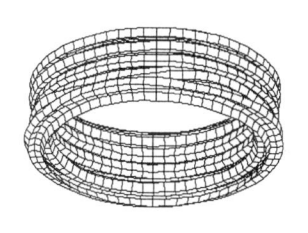

(a) 半径 $R=75$, 板厚 $H=1.6$, 長さ $L=250$ mm　　(b) 半径 $R=75$, 板厚 $H=2.0$, 長さ $L=200$ mm

図 2.23　円筒の衝撃圧潰エネルギー吸収シミュレーション[17]

筒形や球形タンクのような大型板殻構造物はこうして実現されている．補強材を付ける構造設計の場合，どんな形状寸法の補強材をどんな配置で付けるかが設計パラメータとなってくる．またそれをどうやって製造するかまでも問題となってくる．例えばスティフナーの断面形状をとっても図 2.24 の例に示すように多くの候補があり，採用する製造方法も考慮して決定する必要がある．接着や溶接によって補強材を板殻構造に後から接合する場合は，複雑な断面形状も採用可能であるが，一体成形や削り出しの場合は単純な断面形状とならざるを得ない．特に，削り出しは製造コストがかかるので，航空機翼のように単品物で，特に強度と信頼性が要求される場合に限定されてこよう．また一般に，

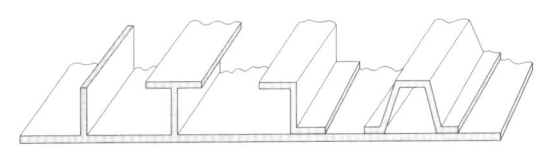

図 2.24　補強材の断面形状の例

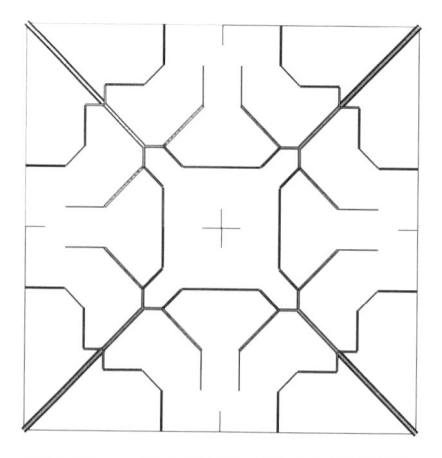

図 2.25 一様分布荷重を受ける周辺単純支持平板の補強リブパターンの例

接合による場合は厚みの急変する接合端や補強材同士が交差する部分の応力集中がき裂発生の原因となるため,細心の注意が必要である.

一方,補強材の配置問題は読者にとっても興味あるところであるが,より困難な設計問題であり,現在も研究が進められている分野の一つである.前述の構造最適化システムを利用しても配置パターンを最適化することはできない.わずかに後述の形態最適化法を利用して,補強材配置の基本的な方針を得ることができるものが開発されている程度である.荷重点や支持点が集中した1点あるいは少数の点の場合には,単に荷重点と支持点を結合すればよいが,1点の荷重を辺で支える,あるいはある領域に作用する分布荷重を辺で支持する,さらには複数の荷重条件に対してより合理的な補強リブ配置を設計しようとすると,有用な設計手段がない.熟練した設計技術者が日常的に行なっているように,まず縦横にスティフナーを配置,それでもねじり荷重などに対して不十分であればさらに斜めのスティフナーを入れるのが通常である.そして,軽量化が必要であれば前述の最適化システムを用いて補強材の寸法を最適化すればよい.図 2.25 は,植物の成長を模擬した手法によって補強材配置を生成した例である[18].補強リブは,ある程度配置すればパターンが少々異なっていても必要な剛性などは得られるというのが著者の(若干乱暴ではあるが)見解である.

一方,重量の増加を極力抑えて板の曲げ剛性や強度を増す方法として図 2.26 の例に示すサンドイッチ構造がある.サンドイッチ構造は,曲げ応力を負担する強度,剛性の高い表面材と,厚みを稼いで断面全体の曲げ剛性を増加させるための芯材(コア)とで構成される.芯材はできるだけ軽くするため図の例のようなハニカムコアを薄いアルミ箔や高分子材,紙で作成したものがよく用いられる.またリサイクルを可能にするため,一体成形の穴あき構造も最近

では用いられるようになりつつある．そのほか，ガラス繊維やカーボン繊維を高分子材で固めた薄い一方向繊維強化シート（プリプレグ）を，用いられる力学場に応じて複数方向に積層して固めた複合材料積層板も強度的に有利である．図 2.27 および表 2.8 は，一方向圧縮荷重に対するグラファイトエポキシ平板，補強材の積層順序を最適化することで，補強材の本数により座屈強度がどの程度上昇するかを示している．複合材料積層板は力学場に応じた設計が可能なことから，テイラードマテリアルと呼ばれるが，その設計法の詳細は次節に譲る．

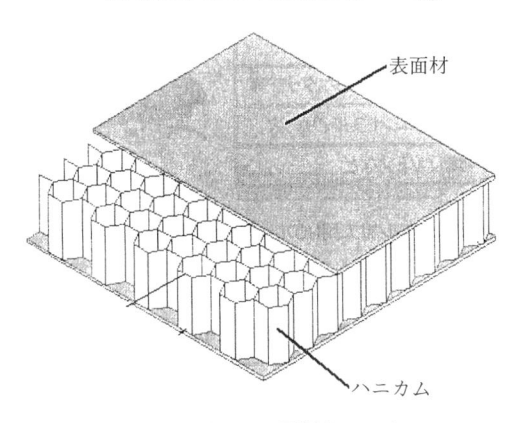

図 2.26 サンドイッチ平板とハニカムコア

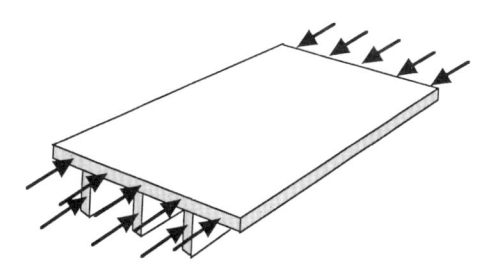

図 2.27 圧縮荷重を受ける繊維強化複合材料積層補強平板のモデル

表 2.8 複合材料積層板の最適積層例（s：対象積層）

スティフナー本数	板の積層構成	スティフナーの積層構成	等価平板に対する座屈荷重比
1	$(\pm 45°/\pm 60°/\pm 90°/\pm 90°)$s	$(\pm 45°/\pm 60°/\pm 90°/\pm 90°)$s	6.734
2	$(\pm 45°/\pm 60°/\pm 90°/\pm 90°)$s	$(\pm 45°/\pm 45°/\pm 90°/\pm 0°)$s	10.77
3	$(\pm 45°/\pm 60°/\pm 90°/\pm 90°)$s	$(\pm 45°/\pm 30°/\pm 60°/\pm 90°)$s	24.05

（4）三次元物体の軽量化設計

剛性や振動数などの制約が厳しい場合には，骨組や板殻構造で設計要求を達成できない場合がある．特に，可動部品などでは疲労設計を考える必要があ

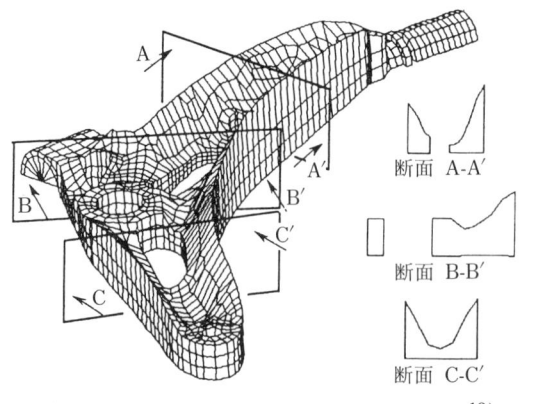

図 2.28 サスペンション部品の形態最適化例 [19]

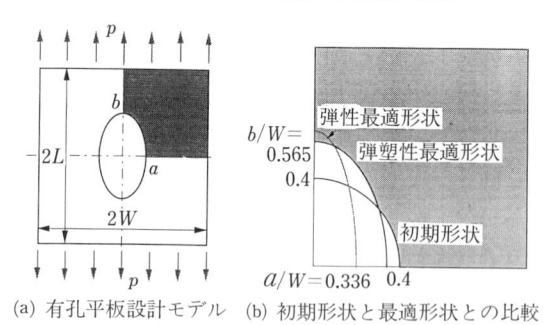

図 2.29 塑性変形を考慮した単軸引張りを受ける正方形板中の穴形状 [20]
(a) 有孔平板設計モデル　(b) 初期形状と最適形状との比較

り，静的等価応力に換算したときに発生応力を極めて低く抑える設計が必要で，そうした場合には三次元ソリッドの部品や部材を配置せざるを得ない．その場合でも，部品内部に穴を配置して多連結化した形態・形状が軽量化の観点からは有利である．図 2.28 は，井原・畦上らによる自動車のサスペンションアームの最適化例である [19]．多連結化によって重量を領域の 70% に制限しながらコンプライアンス（剛性の逆数）を 12% 減少できたと報告されている．また，軽量化のために塑性域まで許容した設計も可能である．図 2.29 は，単軸一様負荷場の平板中の穴形状を弾塑性設計によって求めた例である [20]．2.2.3 項でも述べたとおり，三次元のブロックから出発して，荷重条件，支持条件に応じた形態・形状を直接得るソフトウェアが種々開発されている．それらの結果をもとに設計の初期モデルを定め，より詳細な最適形状・寸法を通常の構造最適化システムで実施するのが実用的に可能な選択である．

2.2.5 おわりに

本節では構造の軽量化設計のための指針について著者の見解を中心に示した．軽量化設計を実施しようとする設計技術者あるいは研究者にとって若干なりとも参考となれば幸いである．

最後に，著者の軽量化設計についての感想を述べて本節を締めくくることにする．自然界や生物を構造軽量化設計の観点から眺めたとき，われわれが実現している人工物の構造設計が極めて稚拙であることを思い知らされ，まだまだ生物から学ぶべきことが多いことに気づく．生物は形状や形態の最適化と同時に，組織レベルで必要な方向の強度を得るため複合材料的な構造・組織をとり，材料設計，構造設計の両面から巧みな設計を実現しているとみることができる．最近では，構造物の自己診断技術に関する研究も進みつつある．21世紀中には，生体のように自己修復機能をもった構造システムが実現することを大いに期待したい．

2.3 軽量化のための材料設計法

2.3.1 はじめに

1987年12月14日，9日間の無着陸，無給油の世界一周飛行を終え，米国カリフォルニア州エドワード空軍基地に着陸した飛行機 Voyager 号の成功を陰で支えたのは超軽量の機体であった．機体は，ほとんどが炭素繊維強化エポキシ樹脂でつくられたものであり，こうした高強度軽量材料の利用と，その最適設計技術が驚異的な飛行性能を実現させた．

機械構造の軽量化は，この例を挙げるまでもなく極めて重要であり，かつ波及効果の大きいものである．航空機の場合は機体構造重量の数倍のメリットが得られ，その他の輸送車両の場合でも軽量化がもたらすメリットは大きい．こうして軽量化設計は機械工学の分野で非常に重要な技術となる．

こうした軽量化を達成するためには種々の局面からの検討が重要であるが，中でも，最も重要な局面は材料の軽量化であろう．軽くて強く，しかも高い剛性をもち，さらに安価な材料があれば，機械構造の軽量化は極めて容易となる．しかしながら，一般的には材料におけるそれらの属性は両立せず，トレードオフの関係になる．こうして，軽量化のための材料設計という概念が重要になってくる．すなわち，トレードオフの関係にある幾つかの属性を巧く組み合わせ，与えられた目的に最もふさわしい材料を選択・設計しなければならない．ここでは，こうした観点から機械構造の軽量化を目的とする材料の選択や設計の基本的な考え方を述べる．

2.3.2 軽量材料の選択・設計

(1) 軽い材料

機械構造の軽量化設計において，材料から考えた場合の最も簡単なアプローチは軽い材料を用いることである．しかし，材料が重いのか軽いのかは相対的な問題であり，基準が必要である．

基準となる材料はやはり鉄であろう．鉄は機械構造材料の中で最も代表的な材料であり，その応用は極めて広い．表2.9は各種の材料の密度を示したものであるが，これをみると，鉄と比べて軽い材料はセラミックスと樹脂であり，鉄の比重の半分以下である．一方，アルミニウムやマグネシウムなどの軽金属の密度は小さく，セラミックスや樹脂と同程度の値となっている．

こうして密度が鉄などの慣用材料に比較して小さい材料は軽量材料であり，機械構造の軽量化に当たっては検討対象となる．ただ，幾ら材料の密度が小さくても，他の特性，例えば剛性，強度，延性，靭性，加工性，あるいはコストなどの属性に問題があれば機械構造材料として用いることはできない．しかし，幾つかの欠点は材料の組合せや複合化，あるいは革新的構造との組合せにより克服できる可能性もあり，これについては従来の観点を捨て，検討してみる価値がある．

表2.9 各種材料の密度

材料の種類	材料名	密度, g/cm^3
金属	鉄	7.9
	チタン	4.5
	アルミニウム	2.7
	マグネシウム	1.7
高分子	エポキシ	1.3
	ナイロン6	1.1
セラミックス	アルミナ	3.9
	ガラス（ソーダガラス）	2.5
	炭化けい素	3.2
	窒化けい素	3.2
	炭素（グラファイト）	2.2
木材	松，ブナ	0.4〜0.8

(2) 比強度が高い材料

機械構造に用いる軽量材料として，比重を除いて最も重要な特性は強度（strength）であろう．幾ら軽くても強度が低いと荷重に耐えられず，機械構造材料としての役割を果たすことはできない．

2.3 軽量化のための材料設計法

物質の密度とその強度には強い関係はない．重くても弱い物質があれば，軽くても強い材料がある．物質の強度は，原子の結晶構造や分子の結合力，あるいは結晶構造の乱れ（転位）や物質中の微小な欠陥，あるいは不純物の存在による原子結合の乱れなど，種々の要因によって影響を受ける．例えば，壊れやすいものの代名詞であるガラスは，ガラス板の形態では強度は低いが，繊維状にすると数百倍の強度をもつようになる．ガラス繊維ではガラス板に含まれる微小き裂がほとんどなく，ガラス本来の強度に近づく．こうして，材料はその形態や純度，あるいは製造過程や熱処理などによってその強度を大きく変える，このため，同じ物質であっても工夫すれば強度を大幅に増加できる可能性もある．この方面からの研究は非常に重要である．

一方，既に利用されている材料に関していえば，軽量化に最も貢献する材料は強くて軽い材料である．材料の強度と比重量（単位体積当たりの重量）の比率を比強度（specific strength）という．強度の単位は Pa（= N/m^2），比重量の単位は N/m^3 であるから，比強度の単位は長さ（m）となる．これは，簡単な材料力学の解析により，その材料でロープをつくり，上から垂らしたときに自重で切れる長さとなる．

種々の材料の比強度を図 2.30 に示す[21]．これをみると鉄は成績がよくなく，一方，アルミニウム，ガラス繊維，炭素繊維，炭素繊維複合材料，あるいは木材などが高い比強度を示していることがわかる．軽くて強い，すなわち高い比強度をもつ材料は航空・宇宙の分野では最も重要な材料である．木材は，現在では航空機に用いられなくなったが，かつては航空機

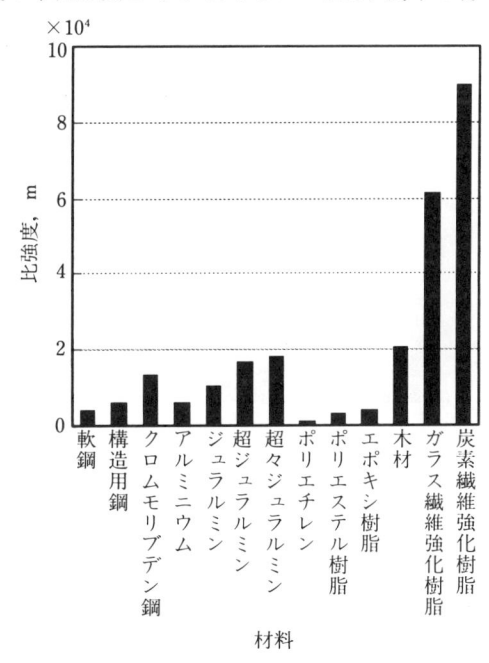

図 2.30 材料の比強度[21]

材料として重要なものであった．

こうして，軽量で高強度の機械構造を考えるときには材料の比強度の比較が重要であることがわかる．そして，一般的には強度が低く，使いにくいと考えられているアルミニウムや木材などがこの属性では非常に優秀な値を示していることも重要なことである．

（3）比剛性が高い材料

機械構造に用いる軽量材料として比重の次に重要な特性は剛性（stiffness）であろう．剛性は荷重が作用したときの変形の大きさを規定するものであり，幾ら強度が高く，破損しなくても，変形が大きすぎる場合には利用が困難となる場合が多い．例えば，机にものを載せると変形が大きい場合，平面をつくるのが役割である机としては目的を果たすことができないといえる．このため，変形量も重要な問題となり，一般的には変形が小さい，すなわち剛性が高い材料が望ましい．

軽くて高い剛性をもつという性質は，剛性を比重量で除した比剛性（specific stiffness）という．種々の材料の比剛性を図2.31に示す[21]．ここでも，アルミニウム合金や炭素繊維複合材料が高い比剛性を示していることがわかる．一方，高い比強度を示したガラス繊維やガラス繊維複合材料の比剛性はそれほど高くない．このため，ガラス繊維複合材料で変形を出さない設計を行なうと構造の断面積が大きくなり，あまり軽量化できない場合も多い．ガラ

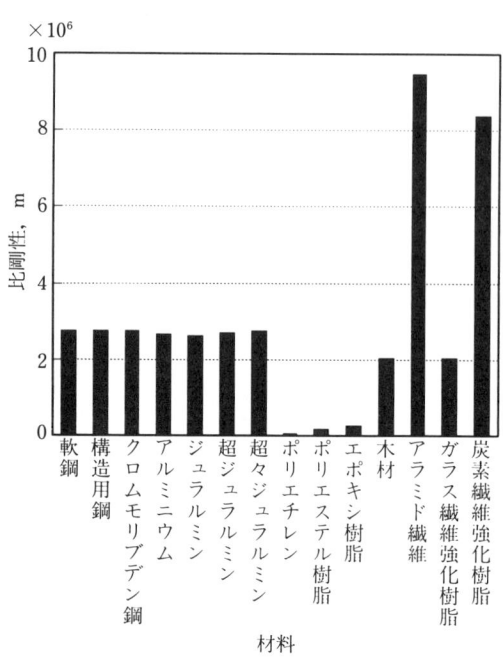

図2.31　材料の比剛性[21]

ス繊維複合材料では，高い比強度と，しなやかさを活かす設計にしなければならない．

一方，剛性が強度と関係をもつ場合もある．例えば，板材に圧縮荷重が作用した場合の座屈破損（buckling failure）では，座屈という現象が材料や構造の剛性で決まる．このため，座屈破損の可能性がある軽量構造の圧縮強度という観点からすれば比剛性は重要なファクターである．

構造の剛性は，その構造の固有振動数にも密接な関係がある．固有振動数はその構造の重量と剛性とで決まり，重量が小さいほど，また剛性が大きいほど固有振動数は高くなる．振動する可能性のある構造では，固有振動数が低いと共鳴現象により振幅が大きくなり，構造が破損する可能性がある．そこで，一般的には構造の固有振動数を高くすることでこの問題を回避する．

固有振動数を高くするには，構造の重量を小さくし，剛性を上げればよい．こうして，構造の固有振動の観点からも比強度が高い材料を用いることは重要である．

2.3.3 軽量材料の設計

密度が小さい，すなわち軽い物質を用いても，構造材料として必要な強度や剛性が満足できる値でない場合は，材料を組み合わせて用いることも考えなければならない．また，これまでにない新しい材料を創成することも考えなければならない．複数の材料を組み合わせて，それぞれの欠点を補い，長所を伸ばすという考え方は複合材料（composite materials）の基本的な考え方である．ただし，複合材料が，比較的小さなスケール（$1 \sim 100 \ \mu m$）での複数の材料の複合であるのに対し，それ以上のスケールでの材料の組合せは"組合せ材料"あるいは形態によって"積層材料"などと呼ばれる．

例えば，特殊包装用のプラスチックフィルムでは通気性をなくすためのアルミニウム箔の上に強度をもたせるためのポリエチレンをラミネートし，高い強度と高い外気遮断特性を兼ね備えたフィルムとなっている．また，ベニヤ板と呼ばれる積層合板では，木材の薄い板を木目を変化させて積層し接着したもので，安価で，強度に異方性のないパネル材となっている．比重量が高いガラス板では，強度を高めるために樹脂フィルムをラミネートし，薄くして軽量化に成功している．

一方，新しい軽量素材の開発も極めて重要である．新素材としてはもはや過去のものになったが，炭素繊維の開発は機械構造材料として革新的な時代を切り拓いてきた．炭素繊維が実用化されたのは1980年頃であるが，それまでは炭素という物質で機械構造をつくることなど多くの人は考えなかった．炭素といえば，最近はカーボンナノチューブという微視的な構造が注目を集めている．

軽量合金の開発も重要である．これについては，軽量化が必須の機械構造である航空機や人工衛星などの開発においてこれまで精力的に行なわれてきた．アルミニウム合金であるジュラルミン，超ジュラルミン，あるいは超々ジュラルミンなどは，軽量構造をつくるうえで不可欠の材料である．一方，さらに進んで，アルミ-リチウム合金，マグネシウム合金，あるいはチタン合金など，軽くて高強度，高剛性の材料が開発され，利用されている．

これらの合金は，合金設計（alloy design）と呼ばれる手法で設計される．合金設計は，従来は多くの実験をもとに行なわれてきたが，現在では原子構造のコンピュータシミュレーションをもとに行なうことができるようになってきた．しかしながら，物質としての基本的な特性はある程度計算でわかるようになってきたが，巨視的な特性である強度特性については，最終的に安定した製造プロセスを経た材料について実験的に求める必要がある．

2.3.4 強度／剛性基準の最適材料設計

（1）材料設計

機械構造物を設計する際に，まず用いる材料の選択が必要である．材料の選択過程では，多くの既存の単一材料を比較し，その構造物の材料として最も適したものを選択することになる．一方，構造物として必要な特性から材料に必要な特性を考え，その要求を満足する材料を新たに設計することを材料設計（materials design）と呼ぶ．

材料の設計は幾つかの種類に分類できる．設計に際して設計者が自由に変更できるものを設計変数（design variables）と呼ぶが，設計変数のサイズで分類すると，微視的材料設計と巨視的材料設計に分類できる．前者は原子や分子のオーダで物質の構成を設計するもので，材料設計というより物質設計，あるいは分子設計といった方がよいかも知れない．一方，巨視的材料設計とは設計変

数のサイズが1〜100μmのオーダであるものを指し,その典型的なものとして,炭素繊維とエポキシ樹脂などからつくられる繊維強化プラスチックスの積層設計を挙げることができる.ここでは後者について考える.

(2) 繊維強化複合材料

繊維強化樹脂材料では,高い強度と剛性をもつ炭素繊維などの強化繊維と,その繊維を保持し,荷重を繊維に伝達するマトリックス(母材,matrix)である樹脂材料が複合されている.このような繊維強化複合材料では,用いる繊維の種類や形態,含有率,および繊維の方向(繊維配向角),あるいは樹脂の種類などを変化させると複合された材料の強度や剛性などを広い範囲で変化させることができる.表2.10は代表的な強化繊維の特性を示したものである.

強化繊維の強度や剛性は,慣用的に用いられている材料に比較して高く,しかも比重量が小さいため,いずれも高い比強度および比剛性の特性を示す.このため,軽量構造を設計するうえで繊維強化複合材料は重要な材料であることがわかる.

表2.10 代表的な強化繊維

繊維	密度,g/cm^3	縦弾性定数,GPa	引張強度,MPa
ガラス繊維	2.5	75	2 500
炭素繊維	1.7	230	3 000
アラミド繊維	1.4	130	2 800

しかしながら,繊維強化複合材料には従来の材料と比較して著しい相違点がある.それは,力学的な異方性(anisotoropy)が存在することである.力学的異方性とは,強度特性や剛性特性が方向によって変化することであり,例えば一方向に繊維を配向させた炭素繊維強化樹脂の場合,繊維方向の強度と繊維直角方向の強度は100倍以上も異なる.一方,慣用的に用いられてきた鉄やアルミニウムではこうした異方性はなく,力学的にはほぼ等方性(isotoropy)であるといえる.

等方性材料では材料をどの方向で用いてもよいが,異方性材料では材料の方向と荷重の方向を考えなければならない.逆に,荷重の方向がわかれば,それに対応した異方性を持つ材料を用いることができる.

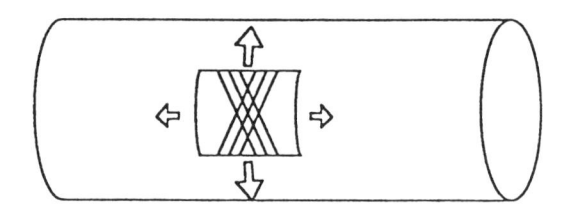

図 2.32　内圧を受ける円筒圧力容器

(3) 異方性の設計

　一般に，繊維強化複合材料では同一の繊維配向角をもつ薄層（ラミナ，プライ）を積層して製造するが，このとき各層の繊維配向角を変化させると材料の異方性をかなり自由に変化させることができる．このため，構造物に作用する荷重に合わせて強度や剛性を配分でき，軽量化を達成することができる．

　例えば，最も簡単な例として図 2.32 の圧力容器を考えてみる．このような円筒形の圧力容器では，円筒部分の材料には等方的に荷重が作用するのではなく，荷重自体に異方性がある．すなわち，円筒の円周方向の荷重は軸方向の荷重の 2 倍となっている．これは簡単な材料力学の問題である．

　この場合，例えば等方性材料であるアルミニウムをこの圧力容器の材料として用いると，破損を防ぐために円筒の円周方向の荷重を基準にして板厚を決めることになる．すると，軸方向では無駄な板厚となっている．等方性材料を用いると，こうしたことは避けがたいが，異方性材料では強度の異方性自体を荷重の異方性に適合させることが可能である．すなわち，繊維配向角を円周方向にやや近づけることや，円周方向の繊維と軸方向の繊維の配合比率を 2:1 にしたり，あるいは最適な繊維配向角にすることで無駄のない材料設計ができる．

　こうして，繊維強化複合材料では，構造に作用する種々の荷重を解析し，それに適合するように繊維配向角や積層順序を決めることで最大限の軽量化を達成することができる．特に，ラミナの各層で繊維配向角を変化させる積層設計では，パネル材の面内の強度・剛性特性と面外，すなわち曲げの強度・剛性特性を独立に変化させることも可能であり，種々の荷重条件下で最適な材料を設計することができる．

　図 2.33 は，周辺単純支持の矩形平板の最大剛性設計を行なった場合の最適な繊維配向角を示したものであるが，平板のアスペクト比によって最適な配向

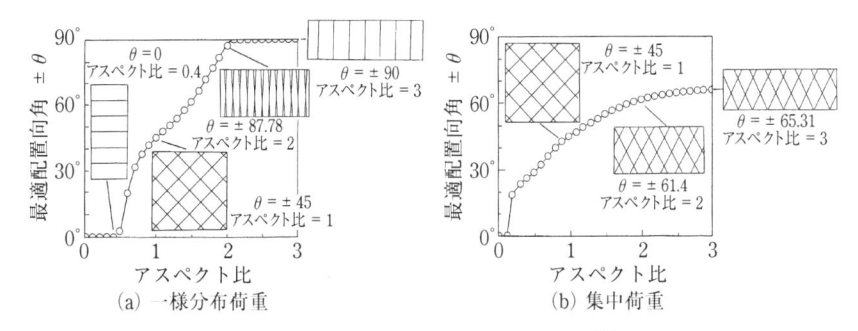

図2.33 最大剛性となる繊維配向角[22]

角が大きく変化するのがわかる[22].

(4) 補強/補剛の設計

構造要素を補強したり，補剛したりする技術は，構造要素の形態を変化させることで行なわれることが多く，一般的には構造設計の中で行なわれる．しかし，材料設計の立場から補強や補剛が行なわれることもある．

例えば，テープ状になっている炭素繊維強化樹脂を構造要素に接着して構造要素を補剛したり，あるいは補強したりする方法は，構造の完成後に強度や剛性が不足した場合に比較的よく用いられる．この場合にも，炭素繊維テープをどの方向にどれだけ貼ればよいのかという設計問題を考える必要がある．こうした補強・補剛は異方性の設計と同じである．

一方，構造要素の形態を変化させる通常の補強・補剛においても，上述した異方性の設計の考え方を取り入れることは大きな意味がある．例えば，平板に多くの小さなスチフナ（補剛材）をつける場合でも，従来のように格子状につけることを前提にスチフナの幅や高さを設計するのではなく，スチフナの方向についても最適化できることを思い出す必要がある．

(5) 形態の設計

構造の形態，すなわち形の設計は材料設計の分野ではなく，構造設計の分野の話である．しかしながら，材料選択と構造設計の組合せではその考えは妥当であるが，材料設計と構造設計の組合せとなると話は違ってくる．

それはこういうことである．すなわち，材料が選択されると材料の強度や剛性などの特性が決まる．構造設計では，これらの特性を「与えられた材料特性」

として考え，その値を基準として構造形態の設計に取りかかればよい．しかしながら，材料設計ができる材料，例えば炭素繊維強化樹脂では，強度や剛性の異方性を100倍ぐらいの範囲で変化できる．

このとき，強度や剛性が等方性で，しかも100倍大きくできるのであれば，最初からそうすればよい．しかしながら，繊維強化複合材料の材料設計では強度や剛性を等方的に大きくすることはできず，異方性の設計しかできない．このため，異方性を構造や荷重とは別に決めることはできず，それらが決まり，材料に要求される特性が明白になってきた段階で材料設計ができる．

しかし，このことは構造設計の立場からも同じことがいえる．すなわち，材料特性が決まらなければ構造設計はできない．例えば，強度が決まらなければ断面積を決めることはできない．すると，材料設計できる材料で最適な構造の形態を考えようとしてもそれは無理となる．

このような構造設計と材料設計の組合せのジレンマはいかにして解決できるのだろうか．それには二つのアプローチがある．一つは，構造の形態を材料特性からではなく他の制約条件から決めることである．例えば航空機の翼の形状は，基本的には流体力学的な考察から決めればよい．そのうえで，その形態に適した材料特性を逆算し，材料設計をスタートさせればよい．もし，材料設計でカバーできない状態になったら，その時点ではじめて形態設計へフィードバックし形態の変更を行なう．

もう一つのアプローチは，異方性材料を等方性と考え，その特性で構造設計を行ない，その後に必要な異方性の配分を行なっていくという方法である．異方性材料を等方性材料に変化する場合は，例えば繊維強化複合材料では，繊維配向角を全方向にして容易に行なえる．この等方化された異方性材料を用いて構造設計し，形態が決まり，その後，強度解析や変形解析を行ない，異方性の導入によって断面積が減少できるかどうかなどの検討を行なう．ただしこの方法では，残念ながら異方性材料を消極的に利用する方法であり，最初から異方性材料を用いて最適化した形態と異なる可能性がある．

現在のところ，材料設計と構造設計を完全に統合する設計手法はない．もちろん，すべての変数を設計変数として最適化を行なえばよいと考えられるが，他の制約条件を適切に用いないと，あまりにも自由度が多すぎて，局所最適解

が無数に存在し，解の正当な評価が行なえないと思われる．この分野は研究を進める価値がある．

(6) 適応性の設計

適応とは，「環境の変化に合わせ目的に相応しい行動をとること」であろう．機械構造の分野で考えると，"環境の変化"とは例えば荷重の大きさや方向，あるいは種類の変化であり，"目的に相応しい"とは破損を引き起こさないことと考えられる．すると"行動"は何を指すのであろうか．

最適に材料設計された繊維強化複合材料でいえば，荷重状態が変化すると困った状況となる．なぜなら，その材料は変化する前の荷重状態に最適なように材料設計されており，それ以外の荷重条件では破損につながるからである．

このことから考えると，消極的な適応とは異方性材料を材料設計して用いることではなく，等方性材料として用いることとなる．例えば，航空機の機体などでは炭素繊維強化樹脂材料の繊維配向角を$0°$, $90°$, $\pm 45°$として積層し，等方性化して用いる場合も多い．

炭素繊維強化樹脂のように非常に優れた性能をもつものは等方性化してもかなりの特性を保持しているが，残念ながら，多くの繊維強化複合材料の際だった特性は繊維方向に関するものであり，一般には，等方性化すると他の優れた等方性材料と比較してそれほど優れた性能でない場合もある．このため，こうした消極的適応のアプローチよりは積極的に適応することを考えなければならない．

しかしながら，環境の変化に材料や構造が"自律的"に対応するのは次に述べる知的化のアプローチである．したがって，材料や構造が"自律的"ではなく環境に適応するには，最初から設計者が適応性を与える必要がある．それは次の三つのアプローチで行なえる．一つは荷重の変化を推定し，その変化に耐えるように設計すること，もう一つは変化がないと考えたときの値で設計し，予期しない荷重の変化には別の方法で最悪の事態にならないようにフェイルセーフ (fail-safe) の考え方で対処すること，最後の一つは信頼性に基づいてすべての可能性を考えて設計することである．

最初のアプローチ，すなわち荷重の変化の最大を予測し，それに耐える設計を行なうというアプローチは，少なくとも等方性材料の断面積の設計に対して

は有効であるが,異方性材料では有効ではない.なぜなら,異なる荷重条件が同時に作用した場合よりも個別に作用した方が異方性材料にとっては厳しい荷重条件となるからである.このため,このアプローチを採る場合には,想定されるすべての荷重条件の組合せを最大値だけでなく,連続的に考え,その中で最もクリティカルな荷重条件を見いだす作業から行なう必要がある.しかしながら,このことは異方性の設計をこれから行なう場合には有効でない.このため,採りうる手段としては,荷重のすべての可能な組合せに対し,それぞれ最適材料設計を行ない,それらの膨大な設計結果をもとに最も優れた解を選ぶ必要がある.

次のアプローチ,すなわちたまにしか生じない変化に対しては別の方法で対処する方法は,例えば荷重の変化に異なる水準で対処することを指す.例えば,ガラス板の補強において,ガラス板を熱処理で強化した場合でも,表面に樹脂製のフィルムを接着し,もし破損した場合でも破片が飛び散らないようにして最悪の事態を防ぐ.このような材料設計のアプローチは軽量化には有効である場合が多い.なぜなら,いつでも最悪の荷重条件を考えていては軽量化できないからであり,破損には別の安全対策を講じる方法も検討する価値がある.なお,最後のアプローチ,すなわち信頼性を考える材料設計については後述する.

(7) 知的性の設計

上で述べた適応性は,材料や構造が"自律的"に対応するわけではなかった.もし,材料や構造が"自律的"に荷重の変化を捉え,それに対応して適切な挙動を採ることができれば,それは知的な構造,あるいは知的な材料と呼ばれる.

知的なものは基本的に次の三つの要素から成り立っている.

(1) 環境の変化を検知するためのセンサ,
(2) センサ情報を受けて,何をすればよいか考えるプロセッサ,
(3) プロセッサの判断結果に基づいて動作するアクチュエータ

である.これらを材料に組み込めば知的材料ができ上がり,構造に組み込めば知的構造ができ上がる.

代表的な知的材料は,光ファイバと形状記憶合金ファイバ,ならびにマイクロプロセッサを組み込んだ炭素繊維強化樹脂である.炭素繊維強化樹脂が荷重

を支持する主要材料であり，それに組み込まれた光ファイバが応力を検知する．形状記憶合金は，それに流す電流を制御して発熱させることで力を発生させる．この力が構造要素の特性を変化させる．形状記憶合金の替わりに電圧をかけると大きな力を発生する圧電素子もよく用いられる．このような先進的な材料の研究は，現在は日本の国家的プロジェクトとして進められている．

2.3.5 信頼性基準の最適材料設計

（1）異方性の設計

与えられた荷重条件のもとで繊維強化複合材料などの異方性を設計することは軽量化に大きな貢献をする．しかしながら，荷重条件が一定ではなく，確率的に変動する場合はどうすればよいのだろうか．

構造に作用する荷重が変動し，その統計的な分布がわかっている場合には，信頼性解析の手法を用いて材料設計を行なうことができる．これが信頼性を基準とする最適材料設計である．

繊維強化複合材料における信頼性基準の最適材料設計の結果によれば，荷重を確定的と考えた場合と，荷重の平均値はその確定値と等しいが，確率的な変動を与えた場合では最適な繊維配向角が異なることが明らかとなった．図2.34は，ある荷重条件下での変動の大きさと最適な繊維配向角との関係を示したものである[23]．面内せん断応力に変動がない場合には最適な繊維配向角は29°であるが，変動がある場合には32°〜34°が最適となることがわかる．一方，図2.35は，荷重に変動がある場合の繊維配向角の軸数を変えた場合の結果である[24]．これにより，2-方向応力の平均値が異なると最

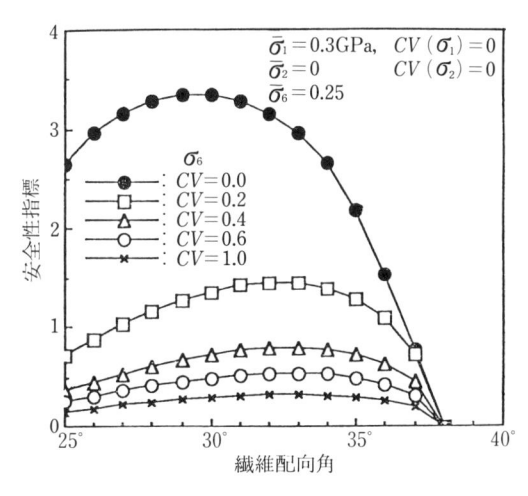

図2.34 組合せ荷重下における安全性指標と繊維配向角との関係に及ぼす面内せん断応力の変動の影響[23]

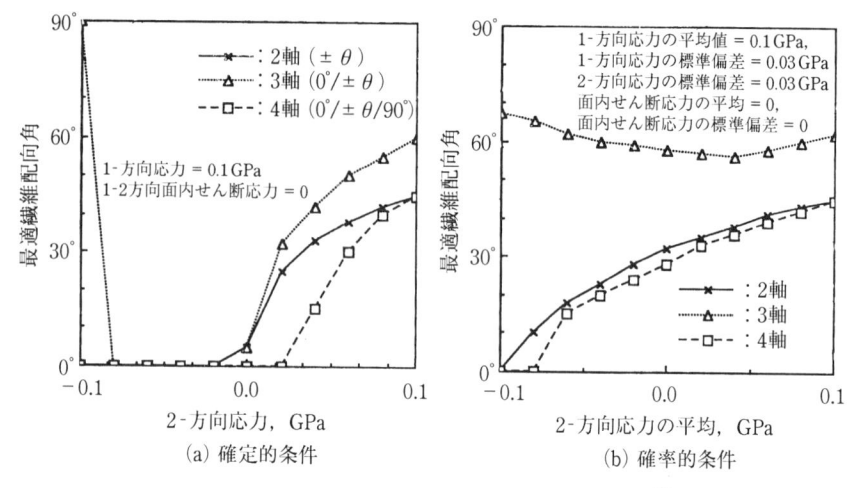

図 2.35 応力の変動に伴う最適繊維配向角の変化[24]

適繊維配向角は大きく変化するが,その変化は 2-方向応力の変動によって著しい相違を示すことがわかる.すなわち,荷重に含まれる変動が大きいほど,例えば $(0/\pm\theta)$ 材では θ が $60°$ に近づき,材料は顕著な異方性から徐々に等方的な特性に変化していく.

こうして,荷重の変動を確率的に捉えることにより,信頼性を考慮した最適繊維配向角を求めることができるようになり,変動荷重下での構造の軽量化にも異方性材料は大きな貢献をすることができるようになった.

(2) 損傷許容設計

予期しない荷重が作用したときに材料が破損するが,それでも荷重に耐える設計を損傷許容設計と呼ぶ.すなわち,損傷が生じても,それが拡大せずに局在化し,適切な運転を行なって荷重を減らし,その後修理することで構造の健全性を保つアプローチである.大事なことは,損傷が生じても剛性や強度が大きく変化しないことであり,損傷が広がらないことである.

一般的な機械構造では,通常の運転条件で遭遇する最大の荷重の数倍の荷重が作用しても損傷が生じないように設計される.しかしながら,航空機などの軽量化が最重要の構造では,そのアプローチでは重量が大きくなりすぎる.そこで,やむなく,たまに生じる過大な荷重に対しては損傷を許し,その替わり重大な破壊を招かない設計を行なう.そして点検と修理を頻繁に行なって安全

を確保する．

　損傷許容設計を行なうには材料自体に損傷許容性能をもつものがあればよい．それは巨視的には金属の延性的な性質があればよい．ある荷重までは弾性的性質を示すが，限界の荷重を越えると材料は塑性的な変形を生じてひずみが大きくなり，その結果，材料の吸収エネルギーが非常に大きくなる材料である．このような材料では，破損が容易に検知でき，荷重を減じるなどの適切な方法で破壊を未然に防止できる．また，吸収エネルギーが大きい材料では，動的あるいは衝撃的な荷重には耐えることができる．

　軽量化設計に用いられる材料は，一般的には複合化や熱処理，あるいは合金設計など，種々の方法で剛性や強度を高め，比強度・比剛性をかなり高くした材料であることが多い．このような材料の強度特性は，一般的に脆性的であり，損傷許容性能は少ない．例えば，アルミニウムの破壊ひずみは 50～70 % であるが，超々ジュラルミンの破壊ひずみは 10 % であり，かなり脆性的な材料となっている．

　したがって，軽量化と損傷許容はなかなか両立困難な特性であるが，これを達成しないことには大幅な軽量化は望めない．これを解決する方法は二つある．一つは複合材料などでマトリックスの靭性を上げる方法であり，もう一つは非常に小さな破損を的確に検出するヘルスモニタリング技術である．

　前者では，主要耐荷重素材である炭素繊維の靭性を上げるのではなく，それと組み合わされているマトリックス樹脂の靭性を上げる方法である．これによって，マトリックスに生じるき裂や繊維とマトリックス間のはく離など，破壊につながる小さな破損の進行が遅くなる．いわば組合せによる損傷許容性能の向上である．

　一方，後者では，まだ破壊には結びつかないが，早めに対処する必要のある微小な破損を光ファイバなどで検出しユーザーに知らせるものである．これによって，大きな破壊を未然に防止することができるようになる．このヘルスモニタリング技術は知的材料/構造の技術としても位置づけられている．

2.3.6　システム基準の最適材料設計

（1）システム基準とは

　これまで材料設計は，主として単独の仕事として行なわれてきた．それは，

材料特性というものは望ましい一般的な値が存在するという信仰である．この考え方は，自然界に存在する物質を探し，その特性を評価し，それに基づいて材料を選択するという従来の機械構造設計のアプローチからは妥当な考え方であった．このため，材料設計する場合でも，標準的な構造を仮定して，それに必要な材料特性を創成するという考え方で行なわれてきた．

しかしながら，原子や分子を一つずつ取り扱い，自然界にないまったく新しい材料をつくり出していく技術や，超高速のコンピュータで最適設計を行なう技術が発達してくると，そのような堅い枠組みを越えて，もっと柔軟に，構造と材料を同じ水準で考える設計が可能となる．あるいはさらに進んで，そもそも材料とか構造に分けず，必要なものは機能 (function) であり，それを実現させる方法を無限に近い可能性の中からみつけ出すというアプローチがあってもよい．

例えば，傘のように機構をもった構造，エアドームのように気体を材料とする構造，そして機械構造として働きながら断面積が変化したり，材質が変化したりする材料などを考えることは新しい軽量化技術に繋がる．

(2) 構造と材料の同時最適設計

構造と材料を同じ水準で考え，両方の設計変数を同時に最適化するアプローチは構造と材料の同時最適化と呼ばれる．このような研究はまだあまり行なわれていないが，その理由は，この問題は前述したように，基本的な困難性があるからである．

図2.36は，設計された構造の機能を中央の軸で，その機能を材料側で果たすのか，構造側で果たすのかを示したものである．すなわち，目的とする機能は，通常の構造設計のレベルと高い水準の材料設計とを組み合わせて実現できるとする．一方，その反対に，目的機能は，通常の材料設計レベルと高い構造設計レベルの組合せでも実現できる．そうした場合，この組合せは無限に存在し，局所最適解が無数に存在することになる．

こうした状況は，他方では非常に嬉しいことになる．なぜなら，機械構造が別の制約条件で設計できることであり，空気力学的特性，伝熱特性，快適性あるいは意匠性など，これまであまり考慮できなかった種々の特性を十分に考慮できることになる．

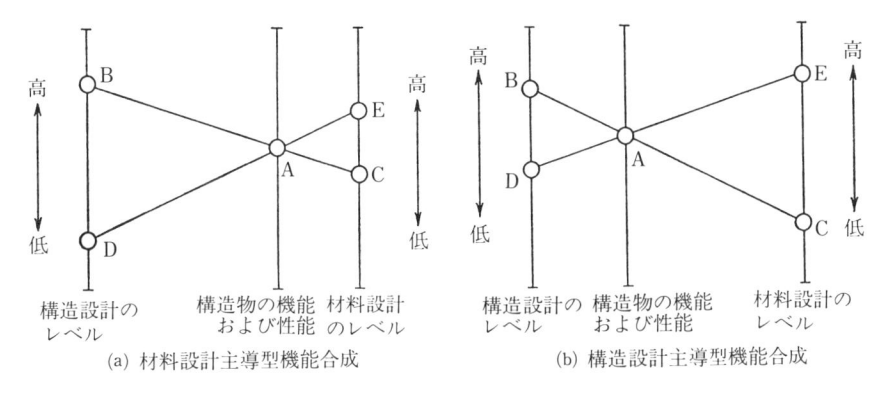

(a) 材料設計主導型機能合成　　(b) 構造設計主導型機能合成

図 2.36　構造設計のレベルと材料設計のレベルのバランス

(3) 多原理最適構造/材料設計

多原理 (multi-disciplinary) 最適構造/材料設計とは，構造力学，材料力学，空気力学，熱力学，電磁気学，あるいは応用化学など，種々の学問分野にわたって関係する機能的特性を考えた構造/材料設計である．例えば，自動車の構造材料を複合材料とし，その中に炭素繊維のみならず，ヘルスモニタリングのための光ファイバ，コンピュータネットワークのための光ファイバ，各種電気配線のためのメタルファイバ，熱制御のためのヒートパイプなど，種々のものを埋め込めば，その材料は極めて多くの機能を果たすことになり，軽量化にも果たす役割は大きいと考えられる．

従来の設計では，できるだけ機能が異なるものは分離して個別に設計し組み立てるというアプローチが基本であった．しかしながら，これからの設計アプローチでは，多くのものを統合し，それぞれの資源を無駄なく使用し，しかも冗長性をもたせて一部の破損で機能に不具合が出ないようにすることが望ましい．

こうした考え方は生物にみられる．生物では，一つの複雑な材料が非常に多くの機能をもっており，しかも，その機能が用いる場所や必要に応じて，自律的に最適化されているということである．もし，一つの材料が機械構造の中で必要に応じて情報を伝える光ファイバになったり，力を伝える炭素繊維になったりして機能が分化すれば，設計者は複雑なことを考えなくてもよくなる．

2.3.7 マイクロテクノロジー

このような夢のような話は実現するのだろうか．

現在の材料開発における技術は非常に進歩している．原子がみえるトンネル顕微鏡や，原子・分子の運動のシミュレーションをもとに材料を創成する技術など，革新的な技術が多く開発されている．こうした中で，原子の結晶構造を変化させたり，あるいは不純物を完全にコントロールして，従来では考えられなかった特性の発現に成功している．遺伝子工学の進歩で，人間は神の領域に踏み込んだといわれるが，材料の分野においても，既に自然界に存在しない物質を次々とつくり出すことに成功し，われわれは神の領域に踏み込んでいる．

物質は宇宙の中で長い年月と巨大なエネルギーによって生み出されてきた．超新星の爆発などで生み出される途方もないエネルギーが種々の物質をつくり出してきた．しかしながら，現在では電子を光の速度に近い速度まで加速し，そこから生み出される非常に高いエネルギーで新たな物質をつくり出すことに成功してきた．それらの物質の中には，不安定であるが極めて優れた機能をもつ材料が多く存在し，ミクロの世界では何でもできるようになってきた．

機械構造は，従来は巨視的なものしかなかったが，現在ではマイクロマシンの技術が発達し，超微細な機械構造が出現している．それらは半導体製造技術で作成され，力学的挙動や電磁気学的挙動は，通常の大きさのものと比較してまったく異なる場合も多い．例えば，液体の表面張力は巨視的機械構造では問題にならないが，微視的機械構造では支配的な力になる．

もちろん，このようなマイクロマシンが人間や物品を運ぶ自動車の代わりになるわけではない．しかしながら，もしこれらの技術の発達で自動車というものが衝突事故から完全に解放されたなら，自動車の軽量化は大いに進むだろう．機械構造の軽量化は，まずは材料や構造の軽量化から進むが，利用環境が変化すれば，さらに軽量化が可能となる場合が多いことを考えるのも悪くはない．

2.3.8 おわりに

機械構造の軽量化を達成するためのアプローチを材料という観点から述べた．ここでは具体的な軽量化技術を詳しく紹介するよりも，材料という視点から軽量化をどのように捉えるかという設計者の基本的姿勢を述べた．ここで触

れた考え方の詳細は別の資料で調べていただければ幸いである.

2.4 軽量化のための生産設計法

2.4.1 はじめに

軽量化は,機械製品の開発・設計における最も重要な挑戦要因であり,製品の進化の歴史において最も顕著な変化の一つが,軽量化さらには小型化への変遷である.それは,軽量化が,後で述べるように,多くの利益を生み出すためである.しかし製品の軽量化の実現は,他の多くの製品として必要な特性との関係に大きな影響を及ぼし,軽量化のためには,関連する要因とのシステム的な解析や評価が必要不可欠である.

軽量化の議論は,これまで,部品や部材のレベルで行なわれることが多かったが,製品として実現される設計物を対象とした評価や解析が必要である.本節では,製品の設計,生産,使用,廃棄などのライフサイクルをシステム的に捉えることを"生産設計"と考え,軽量化とシステム設計の関係を考察することに焦点を当てて説明を展開することにする.

軽量化のためにこれまでも多くの努力がなされてきているが,製品の軽量化・小型化のさらなる実現のためには,製品の設計概念,生産の方式などに大きな変革が必要であると考えられる.機械工学の発展のためには,これまでよりもっと広い観点から,軽量化の効果を最大限に発揮する技術の研究・開発が必要である.これは,機械製品が人々の生活をより快適にし,人類の幸福に貢献するかを決定づける要因の一つであるからである.

2.4.2 生産設計における軽量化の意味・意義

機械製品は,① 一般消費者である顧客が購入して利用する製品,② その製品を作るために使用する産業用機械(ロボット,工作機械,自動組立て機械,搬送車など)の2種類に分けられる.図2.37は,その2種類の機械メーカーと機械製品の顧客(消費者)の関係を表わしている.顧客は,一般消費用機械メーカーがつくる製品を購入するが,その製品を生産するメーカーが活気づくことにより,その製品を生産するための機械をつくるメーカーが連鎖的に繁栄し,産業界全体の活性化により経済の発展が持続することになる.

図2.38(a)は,一般消費者が直接使用する機械製品の例として,人を乗せて

走行するバイクを示しているが，車体の軽量化は，安定走行のために必須な車体のねじり剛性の向上とともに，操縦性能や燃費の面で設計上最も重要な目標である[25]．生産用機械として，図 2.38 (b) には，品物を搬送する産業用ロボット，図 2.38

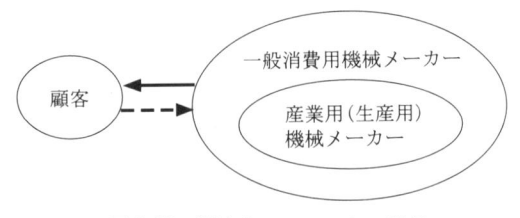

図 2.37 顧客とメーカーとの関係

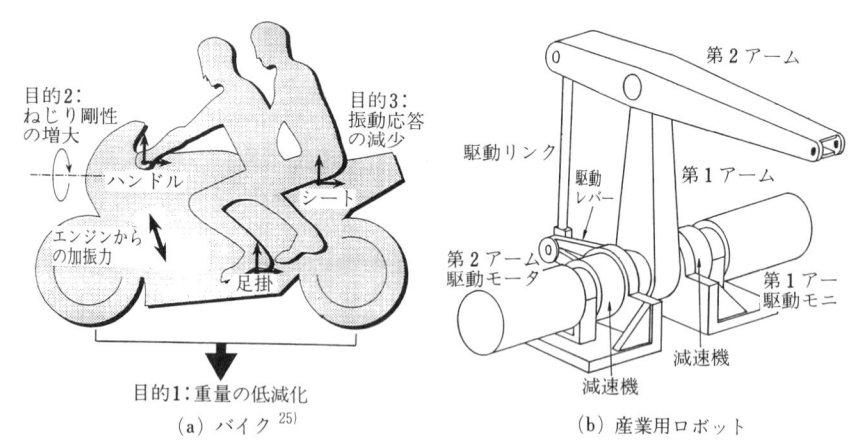

(a) バイク[25]

(b) 産業用ロボット

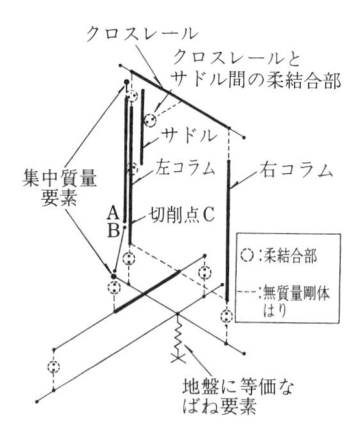

(c) 複合工作機械の構造解析のためのフレーム図
 （太線は静的な力のループ内の部材を示す）

図 2.38 機械製品の例

(c) には，現在の代表的な工作機械である複合工作機械（マシニングセンタ）の骨組み構造を示している．

このような産業用機械においては，位置決め精度，加工精度，作業能率や加工能率の向上が最も重要な評価特性である．そこでは，高剛性化と軽量化が設計の目標になる．現在の産業用ロボットは，同様の仕事を行なう人間に比べて，まだかなり大きな重量をもつ機械であり，その仕事を行なうのに人間が行なうよりはるかに大きなエネルギーが必要である．工作機械も，加工する部品に比べて，はるかに大きな重量をもった構造物である．飛躍的な軽量化が，このような産業用機械の主要なこれからの技術課題である．

機械製品を生産する上での方式は産業の発達とともに大きく変化してきた[26]．その生産形態のパラダイムの変遷は，およそ図 2.39 のように表わすことができる．19 世紀末にテイラーによる作業を効率的に行なうための管理法が生れ，GM などの自動車メーカーで，大量に製品を低価格でつくる方式が確立された．それにより，多くの人がその製品を手に入れることが可能になり，豊かな生活の第一歩が踏み出された．そのような製品を多くの人が手にするようになると，さらなる豊かさの要求に応じるために，顧客の多様な好みに合わせた製品づくりとして，多品種少量生産の生産形態に変換を余儀なくされた．これは，大量生産時代の"造ったものを売る"時代から"売れるものを造る"時代への生産のパラダイムが変化したことを意味する．

現在では，メーカーが提示した多様な製品の中から，顧客が最も好むものを選択する多品種少量生産の時代を超えて，顧客が注文する製品を迅速にかつ低価格でメーカーが生産する図 2.39 に示す注文生産への変化の必要性がいわれている．さらには，顧客が製品の設計に何らかの形で関与して，メーカーと顧客が協力して，より顧客の満足度の高い製品を生産するような生産形態の変遷も予想される．今後，産業界にとっては，顧客の満足度の高い製品の開発が必要不可欠であり，機械製品における軽量化は，性能面に加えて，製品の使い安さの向上，使用エネルギーなどの運用コ

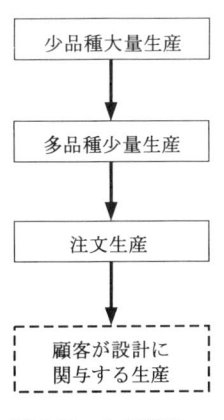

図 2.39 生産形態の変遷

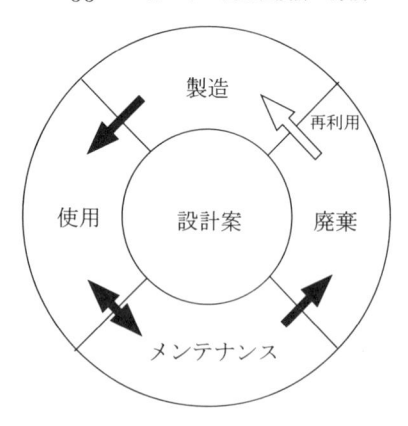

図2.40 製品ライフサイクルを考慮したコンカレント設計の説明図

ストの低減などの点で顧客が最も望む点である．

最良の製品を生産するには，製品設計だけではなく，それをいかに製作し設計物を実現するかの決定が重要である．そのとき，製品の性能・品質だけでなく，いかに経済的に製作するかが重要な要因となる[27]．また，製品の製造，製品の使用，メンテナンス，製品の廃棄，部品や素材の再利用など，製品のライフサイクル全体に対する考慮が必要である．

図2.40は，このような製品のライフサイクルを考慮した製品設計の概念を表わしており，製品のライフサイクル全体を考慮して製品の設計解を決定する必要がある[28]．製品の軽量化は，使用する材料の軽減，製品廃棄時の廃材量の軽減，製品の使用における運転エネルギーの低減に直接的に結びつき，これはエネルギー源の節約ばかりでなく，製品の使用が自然環境に及ぼす悪影響を低減することを可能にする．

軽量化は，以上のように好ましい面を多くもつが，その実現は容易ではなく，その要求と競合する他の評価特性が存在する．軽量化を実現するには，関連する要因をシステム的に考慮するための最適化技術，システム技術を用いる必要がある．

2.4.3 軽量化とシステム設計

(1) 機械製品の性能特性

機械製品は，動作や運動により目的の機能を遂行するものであり，機械製品の性能・品質を表わすための最も代表的な特性は，いかにその製品が目的の作業を精確に行なうかの精度に関する特性と，その作業をいかに迅速に行なうかの能率に関連する特性である．ここでは，精度，能率，製造コストなど，製品の性能を直接的に表現する特性を性能特性と呼ぶことにする．図2.38 (b) のような産業用ロボットでは，目的の仕事を精確に行なうための位置決め精度向上の要求と，その仕事を短時間に能率よく行なう要求が存在する．その二つの

要求は一般に競合関係にあり，図2.41は，その精度（位置決め精度など，右方向ほど精度が高いとする）の最良化と能率（動作時間など，小さな値をとるほど高い能率とする）最小化の二つの目的の間の関係を示している．陰影を付した領域は，現在の技術で実行可能な設計領域を示しており，太線 AB 上の設計解は，現在の技術レベルで実現しうる最良の設計解の集合を表わすことにな

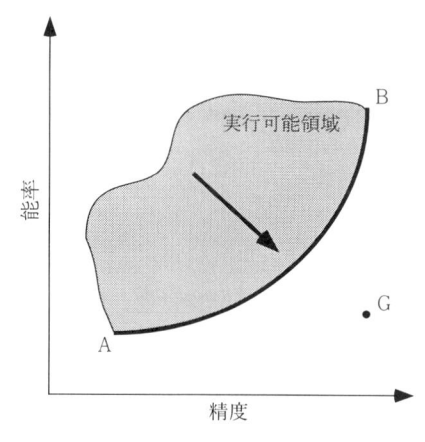

図2.41　高精度化と高能率化との関係

り，これら二つの目的をもつ多目的最適化問題のパレート最適解集合を表わしている．

図2.38 (c) は，複合工作機械の構造解析のための骨組モデルを示している．このような加工用機械の性能を表わす最も重要な評価特性は，その機械により加工された品物の加工精度と，その加工をいかに高速で行なうかの加工能率である．図2.41において，横軸は加工精度に相当し，縦軸は加工能率の評価尺度としての加工時間に相当する．加工精度と加工能率の面で新しい製品を開発しようとすることは，この太線 AB より右下の領域の点 G に位置するような新たな設計解を得ようとすることでもある．

物理的な特性が問題となる製品の最適設計には，最適化を構成する目的関数，制約関数の中に，通常，競合する関係をもつ少なくとも二つの特性が存在する．そのよう場合，ある広さをもった設計空間に対応する最適解は，一つの絶対最適解が得られるのではなく，パレート最適解集合という図2.41のような太線 AB 上の最適解の候補解として得られる．二つの評価特性が競合関係にある場合，パレート最適解集合は，目的関数空間において曲線で表わせる．また三つの評価特性が互いに競合関係にある場合には，それは曲面で表わされる．異なった状況での最適解を巨視的に比較するためには，パレート最適解集合を表わす曲線や曲面に着目することが有効である．本項では，このパレート最適解曲線をその説明に用いる．

(2) 性能特性の基本特性への分解

前項で挙げたような精度や能率のような性能特性のおのおのは,通常,種々の特性が絡み合って得られることが多い.それらの性能特性を直接よりよくするような改善や最適化を行なっても,局所最適解が設計実行可能領域に多数存在し,結果的には少しの改善に終わることが多い.

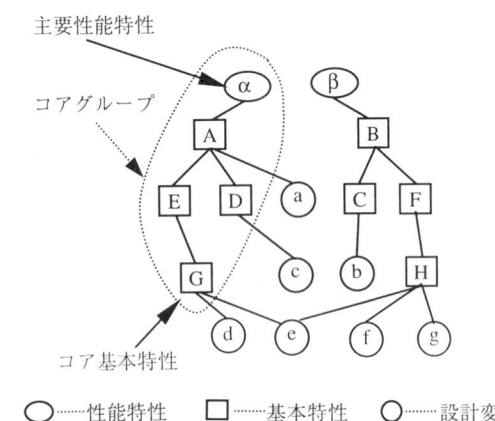

○……性能特性　　□……基本特性　　○……設計変数

図 2.42 性能特性の基本特性への分解と階層構造[29]

ここでは,性能特性から分離・分割される特性を基本特性と呼び,性能特性と基本特性を,それらの依存関係に着目して,図 2.42 のように階層構造で表わす[29].性能特性 α と β のうち,最重要視される性能特性 α を主要性能特性,この主要性能特性に属する基本特性のうちで,階層グラフにおいて最下位に位置する基本特性が他の基本特性と競合関係にあるとき,その基本特性をコア基本特性と定義する.例えば,部材の重量がコア基本特性 G に相当し,基本特性 H が,その G と競合関係をもつ部材の剛性となる.性能特性 α の最適化のためには,直接 α を最適化するのではなく,その特性のコアとなる基本特性 G とそれと競合関係にある H を最適化の中心と考えて,最適化を進めていく方法が考えられる[29].

(3) 基本特性間の関係

① コア特性

図 2.42 において,機械製品のコア基本特性に相当する代表的なものとして,構造物の重量 W と静剛性 k_s がある.構造重量の減少を図ると一般に静剛性が小さくなり,また静剛性を増加させるための設計変更は重量の増加をもたらす.重量 W と静剛性 k_s は,図 2.43 の曲線 AB 上のパレート最適解集合で表わされるように,競合する関係にある.

② コア特性の上位に位置する基本特性

重量と剛性の関係から得られる上位の基本特性（図2.42において，AまたはBなどに相当する特性）の例として，固有振動数と動剛性を考える．これらは，製品の性能特性をより直接的に評価する特性である．

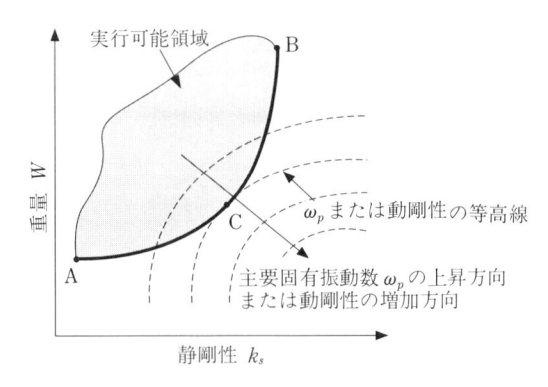

図2.43 重量と静剛性および主要固有振動数または動剛性との関係

a. 固有振動数

運動物体の位置決め精度に主として関連する固有モードの固有振動数 ω_p を高めることにより，振動減衰比の同一の大きさに対して早く振動振幅が小さくなることや，強制振動との共振が避けやすくなるなどの利益をもたらす．位置決め性能の向上のためには，大ざっぱには，位置決め系の静剛性が高く，運動物体の重量が小さいことが望ましい．図2.43は，運動物体の重量 W と静剛性 k_s との関係およびそれらと運動方向振動の主要固有振動数 ω_p との関係を概念的に表わしている．破線は，位置決め性能の評価の上で主要な固有モードの固有振動数 ω_p の大きさの等高線を示している．重量の減少と静剛性の増加は，それぞれ ω_p の上昇をもたらし，この図2.43において，太線AB上の設計解を求めることが位置決め精度向上の一つの指針となる．

b. 動剛性

図2.38(c)に示したような工作機械では，切削点Cでの工具（点A）と品物（点B）間の静剛性および動剛性などの静的および動的挙動が，精度と能率のような性能に直接的な影響をもっている．静剛性は，ある負荷が加わったときのたわみにくさを表わすものであり，目的とする切削作業中に加わった負荷（切削力）に対するたわみにくさが問題となる．切削点での静的な負荷（静的な切削力）は，機械システム内のすべての部材，要素によって支えられるのではなく，図2.38(c)中の太線上の部材・要素のみが静剛性の大きさに関係する．これらの部材を，ここでは，"静的な力のループ内の部材"，その他の部材を"静的

な力のループ外の部材"と呼び,それらを明確に区別することが重要である.

工作機械で最も防止が困難な振動現象である再生型自励びびりの発生のしやすさは,近似的には,切削力方向の(工具と工作物間の)加振力に対する切削面に垂直方向の(工具と工作物間の)相対変位に関するリセプタンス周波数応答の最大値 R_{max} に依存する.静剛性 k_s と重量 W(静的な力のループ内の全重量)の関係は,図 2.43 のように表わされる.R_{max} の大きさ(R_{max} の逆数が動剛性の指標である)は,静剛性 k_s が大きくて,かつ静的な力のループ内の部材重量 W が小さいほど,より小さな値(大きい動剛性)を取りうることがいえ,図 2.43 中の長い矢印は,R_{max} の減少方向を示している.それゆえ,静的な力のループ内に存在する部材設計の実行可能領域が,最小の R_{max} をもつ等高線と接する点(図 2.43 中の点 C)の設計解は,工作機械において最も安定した動特性をもつ機械加工を実現する静的な力のループ内の設計解に相当する[30].

すなわち,工作機械の加工精度と能率の最大化と直接的に関係する動剛性の最大化をもたらすリセプタンスの最大値 R_{max} の最小化は,静的な力のループ内に存在する部材の総重量 W の最小化と,静剛性 k_s の最大化の多目的最適設計問題におけるパレート最適解上で達成されることがいえる.

(4) 特性のブレイクスルー

製品性能特性のブレイクスルーを実現するには,その性能特性のコアとなる重量や静剛性のような特性をブレイクスルーすることが必要である.

① 形状最適化による設計解のブレイクスルー

形状最適化法の一つである均質化法[31] は,実行可能設計空間内を白紙の状態から始めて,構造物の設計解を決定する方法である.すなわち,広い視野から,また制約の少ない状態から設計解を得ることに相当する.図 2.44 は,対

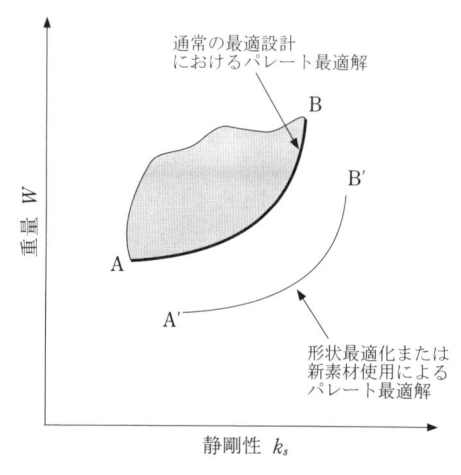

図 2.44 静剛性と重量との関係図

象とする設計物の構造重量 W と静剛性 k_s との関係を示している．図2.44における太線ABは，通常の骨組みや基本設計を定めたのち，設計寸法を最適化する方法によって得られたパレート最適解集合の曲線を示している．また，太線AB上の設計解は，重量最小化と剛性最大化の二つの要求を実現する上での壁でもある．

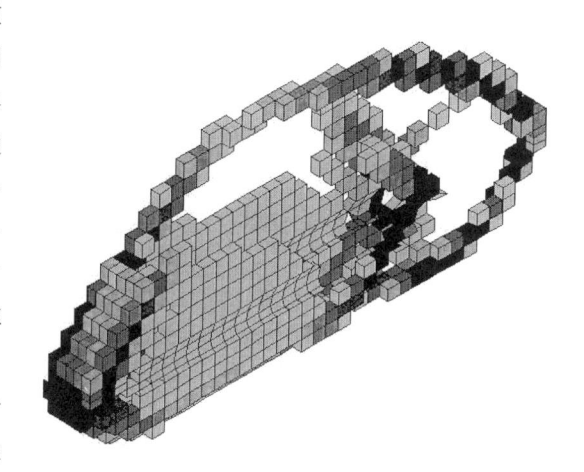

図2.45 ロボットアームに対する均質化法の適用例

設計空間内の白紙の状態から形状最適化する方法によって得られるパレート最適解集合の曲線を，A′B′ として示している．A′B′ は，通常の最適設計法では壁である曲線ABを超えて設計解が得られることになる．

図2.45は，図2.38（b）に示した産業用ロボットアーム（第2アーム）の軽量化のために，均質化法を用いて一定の重量のもとで剛性を最大化した例を示している．図2.44において，A′B′ 上の一つの設計解を得たことに相当し，得られた剛性値の観点からは，その剛性のもとで最小の重量を実現した設計解を得たことになる．

② 素材選択による設計解のブレイクスルー

従来慣習的に使用する素材を新素材に変更するなどの適切な素材の使用により，図2.44におけるA′B′ に相当する設計解のブレイクスルーを実現できる可能性がある[32]．素材の選択においては，素材の弾性係数，密度，減衰比などの物性で比較するのではなく，図2.44のように基本特性間の関係がどのようになるかを比較検討すべきである．

（5）製造コストとの関係

形状最適化は，性能に関連する特性面でのブレイクスルーを実現するという大きなメリットをもたらすが，その設計解は，実用性のあるコストで製作し実

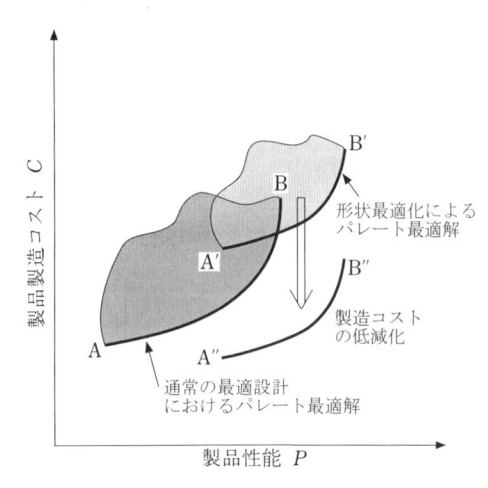

図2.46 製品性能と製品製造コストとの関係

現できなければ，絵に描いた餅になる．最適化で得られた設計解を実現し製作する上での容易さは，その製造コストで評価することができる．製造コストは，一般に，設計解の複雑さが増すほど大きくなる．ここでは，製品の性能（または品質）と製造コストの関係により，その設計解が実用的に価値のあるものかどうかが決まる．

図2.46は，製品性能と製品製造コストの関係を表わしており，太線ABは，通常の方法で最適化した場合のパレート最適解集合を表わしている．一般に，形状最適化で得られた設計解をそのまま実現しようとすると，製造コストは非常に高く，パレート最適解集合は図2.46において太線$A'B'$のようになる．

設計解の複雑化による特性とコストとの関係の変化を簡単な例を用いて説明

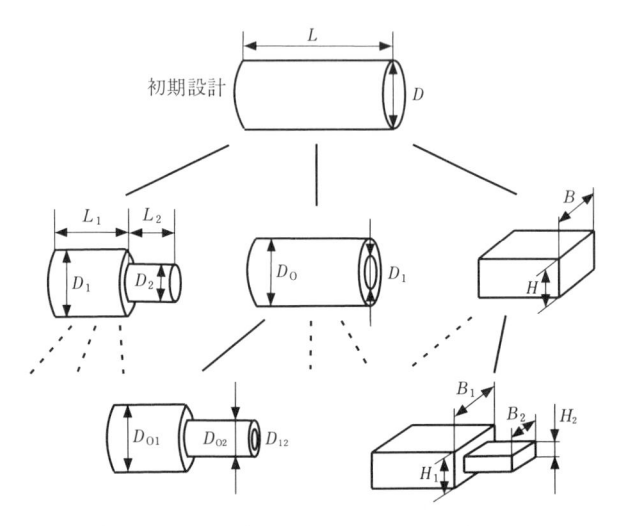

図2.47 はり構造における形状設計の複雑化の例

する．図2.47は，はり構造の形状設計が複雑化する例を示している．ここでは，はり構造の一端（左端）が固定され，他端（右端）に集中荷重が加わるものとする．今，図2.47の最上段に示す円形断面のはり構造が初期設計であり，剛性制約を付加した最適化問題を考える．ここで，直径 D は設計変数であり，長さ L は定数であるとする．

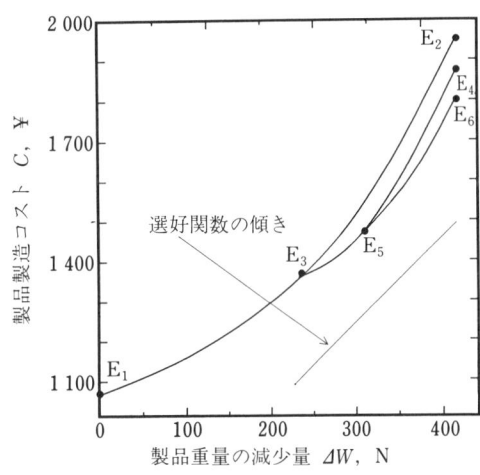

図2.48 目的関数空間に生成されたパレート最適解

図2.48は，目的関数空間を示しており，横軸の製品性能 P として，初期設計からの製品重量の減少量 ΔW をとっている．初期設計最適化問題の最適解は点 E_1 で与えられる．形状設計を図2.47に従ってより複雑化し，その都度その形状を実現するための製造コストが加算されるとする．中空化によるパレート解 $E_1 E_2$ の生成の次に，2分割化により点 E_3 でパレート解の枝分かれが生じ，元のパレート解の $E_3 E_2$ 間が $E_3 E_4$ と部分的に更新される新たなパレート解が生成される．さらに点 E_5 で同様の枝分かれが生成され，より好ましいパレート解曲線 $E_5 E_6$ が生成される[33]．

2.4.4 製品としての具体化のための生産設計

(1) 設計物の具体化のための製造コスト低減化の方策

前節において，システム設計の立場から形状最適化について説明したが，形状最適化により得られた軽量化した複雑な設計解をいかにして製造し実現するかが次なる重要な課題である．製造コストの低減化の方策として，

・形状の単純化
・部品のグループ化
・複雑形状の一体加工
・製作法の選択，新しい製作法の創成
・素材の選択，新素材の使用

・部品点数の低減化

などが考えられる．ここでは，形状の単純化と部品のグループ化の面から，製造コスト低減について考察を行なう．

（2）形状単純化による製造コストの低減

均質化法などの形状最適化によって得られた設計解がそのまま実現するように製作するには，形状が複雑なため製作が不可能であったり，製作できても製造コストが莫大になることが多いと考えられる．そこで，得られた設計解の修正を行なう．それには多くの方法が考えられるが，製作の容易さを検討し，設計解で得られた特性をできるだけ落とさずに，製造コストをいかにして下げるかという問題を解決する必要がある．

製造コストを減少させるには，製造が容易なように設計解をより単純な形，スムーズな直線や曲線形状などに変更する必要がある．その設計解の単純化により，設計解の性能（品質）が低下する．よって，単純化による製造コストの減少量と性能の低下量の関係を図2.49に示すように評価する必要がある．このような図から，形状単純化の意思決定を行なうことができる．また，設計解修正のための代替案が種々存在する場合には，図2.49において，より左上に位置する設計案が選択される．すなわち，設計解の修正による性能の変化の感度が低く，設計解の修正による製造コストの感度が負の方向に高い方法が選択される．

既に述べたように，一般に形状最適化で得られた設計解をそのまま実現しようとすると製造コストは非常に高く，パレート最適解集合は図2.46において$A'B'$のようになるが，図2.49の関係を用いることにより製造コストの低減を行ない，$A''B''$のようなパレート最適解集合が得られる．これにより，元の設計解ABをブレイクスルーした設計解$A''B''$が得られる．

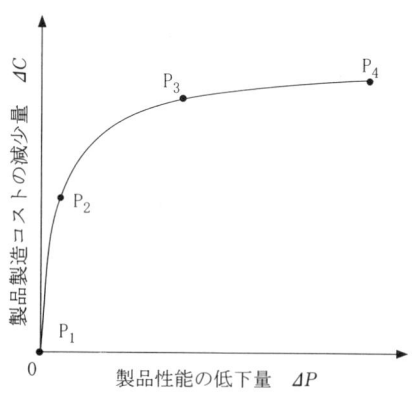

図2.49 形状単純化または部品のグループ化による製造コストの減少量と性能の低下量との関係

(3) 部品のグループ化による製造コストの低減

多品種少量生産,さらに注文生産になると,多様な部品を製造することが必要となり,製造コストが非常に高くなる.多様な部品の製作においていかに製造コストを下げるかということは,最も重要な生産の問題である.このためには,部品での個性をできるだけ抑えて,製品には個性を出させる設計・生産の戦略が必要である.これを有効に行なうための方法の一つとして,製品設計段階からグループテクノロジー(Group Technology:GT)の考えを適用することが考えられる.このグループテクノロジーは,類似の形状,寸法または製作工程をもつ多様な部品をグループ化することにより生産効率を高めることを目的とした技術的な概念であり,製品の製造コストを減少させる上で大きな働きをする[34].これまで,グループテクノロジーは,主として製造における効率を増加させるために使われてきた.機械製品や部品の規格化をさらに推進するためには,コンカレントエンジニアリングの概念に基づき,グループテクノロジーの概念を製品の設計段階から積極的に適用[35]することが必要である.

製品内,もしくはシリーズ製品において,同一もしくは類似の機械部品をできるだけ多く使用することは,製品コストの最小化に結びつく.しかし,図2.49に示すように部品のグループ化による製造コストの減少は,製品性能または品質の低下をもたらす.設計の決定段階において,その利益面と不利益との間の競合関係を評価しなければならない.

製造コストが製品設計段階おいて考慮されない状況で製品性能に対する要求を目的関数として選ぶとき,最小の目的関数値(この目的関数は最小化が望ましいとする)をもつのは,一般にすべての部品が異なる設計変数値をとるときである.その結果,製造コストは非常に高くなる.図2.49において,点P_1から点P_2の間は,わずかな性能の低下だけで,大きく製造コストを減少しうる領域に相当する.P_3からP_4の領域では,製造コストの減少量は小さいが,性能が大きく悪化する領域に相当する.部品のグループ化による効果を最大限発揮するには,すべての部品が異なる最適設計解をもつ最小の目的関数値からの目的関数値の増加量を各グループ化の方法に対して評価する必要がある.その増加量が許容量以下のグループ化の中で最小の製造コストをもつものが,最適設計解として採用されるべきである.

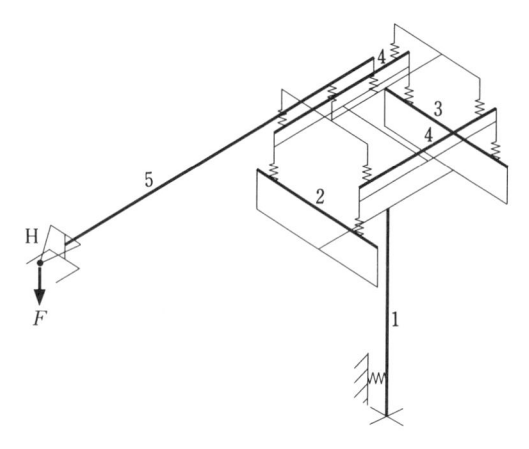

図 2.50　構造解析用モデル図

　図 2.50 は，最適化を実施するマニピュレータの構造解析用モデル図で，ここでは骨組のみが描かれている．図 2.50 中，太線は構成部材をモデル化したはり要素を，そして細線は無質量の剛体はりを表わしている．またモデル化に当たって，軸受は，ばね要素として取り扱っている．工作物の搬送などに用いられるマニピュレータでは，その設計評価の要因として，構造部材の全質量（重量），品物の保持点の静的および動的変位，位置決め精度などが挙げられる．ここでは，図 2.50 に示すマニピュレータ構造の主要な構成部材である部品 1～5 の全質量を目的関数 Ψ_0 として，その最小化を図ることを目的とする．設計変数は，各円管部材部品の断面の外径と内径である．また制約条件は，物を保持するハンド部の点（図 2.50 の点 H）の静的なたわみがその上限値以下とする．

　表 2.11 に示す部品のグループ分けのおのおのに対して，最適化を実施する．表中，Gx の同一の番号 x は同一の外径・内径をもつ円管を表わしている．1 から 6 までグループ化番号（番号はグループ化のレベルを表わす）

表 2.11　製品における部品グループ化の例

		部品番号				
		1	2	3	4	5
グループ化番号	1	G1	G2	G3	G4	G5
	2	G1	G2	G2	G3	G4
	3	G1	G2	G2	G2	G3
	4	G1	G2	G2	G3	G3
	5	G1	G2	G2	G2	G2
	6	G1	G1	G1	G1	G1

が付けられた各ケースに対して，目的関数値が最小値をとるケース1に対する他のケースの目的関数値の増加量を図2.51にプロットしている．これより，すべての部品が独立な設計変数をもつとしたケース1の目的関数値からの増加量は，ケース3では 0.136 kg である．この増加量が許容範囲内にあり，ケース4以降では許容範囲外となる場合には，ケース1, 2, 3のうちで最も部品の同一形状化を計ったケース3の設計が最適解として採用される．

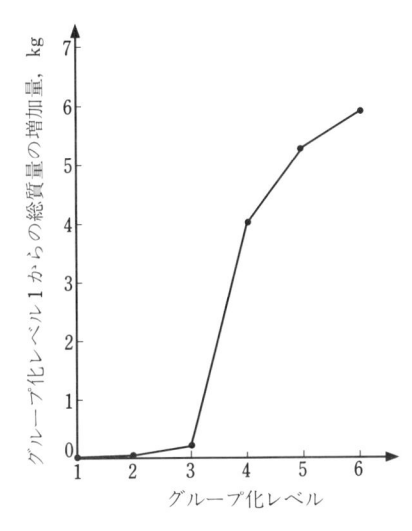

図 2.51 部品グループ化のレベルと製品総質量の増加量との関係

2.4.5 製品としてのシステム設計法

(1) システム設計におけるコンカレント最適化

製品設計においてより望ましい設計解を得るには，対象設計物に関連する要因をより広く考慮し，設計の自由度が如何に大きいかがその決めてである．それには，コンカレントエンジニアリング[36]の概念に基づくコンカレント最適化の方策が有用である[37]．それは，まず関連するすべての評価要因を同一のレベルに並べて，そこで，評価特性と設計変数の特質を調べた上で最適解を求める方策を定めようとするものである．これは，これまでの慣習的な流れとして階層化して意思決定してきたものを，いったん同一のレベルに置き，それらの関係を十分に吟味した後に，必要ならば新たな階層的な意思決定問題に置き換えることになる．

そのコンカレント設計における最適化では，通常の最適化に比べてはるかに多くの評価特性と設計変数を処理することが必要であり，機械的に数理計画法などの最適化手法を用いても好ましくない局所最適解が得られる危険性が非常に高くなると考えられる．コンカレント最適化により，図2.46の $A''B''$ 上のような設計解を得るための方法論が必要である．

(2) コンカレント評価に基づく階層的最適化

① コア特性に着目した最適設計

システム設計においては多くの評価特性を最適化の対象としなければならない．それらの特性は互いに複雑に関係し合い，製品特性として複雑な挙動をする．機械的にそれらを目的関数や制約条件に含めて最適化すると，通常，好ましくない局所最適解に相当する解が得られるにとどまることが多い．最適化の前に，関係する特性間の関係を十分に考察，吟味することにより，その最適化の中心となる競合関係をもつ少数のコアとなる特性が存在することがある．そのコアとなる競合する二つの特性の例として，既に述べたように重量と静剛性がある．

そのコア特性を中心とした最適設計法を工作機械の設計に適用した最適化の手順は，表 2.12 のように表される[30]．

まず第1層では，図 2.38 (c) の太線で示したような静的な外力（定常的な切削時の切削力）を支える静的な力のループ内に存在する部材の設計変数をコア特性である静的な力のループ内の重量と静剛性との関係より決定する．次に第2層では，静的な力のループ外にある部材と結合部の設計を，リセプタンスの最大値をもつ固有モードのモーダルフレキシビリティ f_m（その固有モードのリセプタンス値から減衰の効果を取り除いたフレキシビリティ値）の静コンプライアンス f_s（静剛性 k_s の逆数）に対する比 f_m/f_s が，最小化されるように決定する．これにより，モーダルフレキシビリティの最大値が最小化されるだけ

表 2.12 コア特性を中心とした階層的最適設計の手順[30]

	主な処置	設計を決定する構造領域と
第1層 コア特性に対する最適化	静的コンプライアンス f_s の最小値と静的な力のループ内の総重量 W_s の最小化の2目的最適化問題のパレート最適解を求める	静剛性に影響する（静的な力のループ内の）部材・要素の設計の決定
第2層 基本特性に対する最適化	モーダルフレキシビリティの最大値 f_m の静コンプライアンス f_s に対する比 f_m/f_s を最小化する	力のループ外の部材・要素および結合部ばね剛性値の決定
第3層 性能特性に対する最適化	最大リセプタンス値 $R_{m \cdot max}$ の最小化または $R_{m \cdot max}$ 値をもつ固有モードの減衰比 ζ_m の最大化を行なう	結合部（ボルト，案内面，軸受など），機械支持部の減衰係数の決定

でなく，その固有モードの減衰比をより大きくすることができる．最後に，第3層で，リセプタンスの最大値を最小化するように機械システム内に存在するすべての結合部における減衰係数の大きさを決定する．

特性の大きなブレイクスルーのためには，第1層のコア特性に相当する重量の低減化と静剛性の増大化が最も重要である．本稿で説明したような競合する特性との関係を吟味した軽量化の方法により，精度や能率などの性能特性に対するブレイクスルーが実現できることになる．また，製造コストや運転エネルギー（さらには，環境への影響など）のような性能特性を機械の能率や精度とともに評価するには，例えば図 2.42 において，β などにそのような特性を加えればよく，そのときも，機械製品の場合，コア特性として重量が含まれることが多い．

② 概念設計段階または単純化モデルからの最適化

コア特性でのブレイクスルーを実現するには，その段階での設計の決定において，できるだけより望ましい解を含みうる概念設計や，対象をより単純化，抽象化，理想化した段階からの設計解の創成が望まれる[38]．このとき，製造コストを含めた種々の特性をコンカレントに評価する必要があるが，表 2.13 は，概念設計，基本設計，詳細設計からなる設計の流れに対応した形状モデルの具体化のレベルと評価しうる性能特性および製造コストの関係をまとめたものである．重量の評価は，概念設計や基本設計などの上流の過程で評価すべきものであり，このことからも機械製品の軽量化は，設計におけるキーポイントであるといえる．

表 2.13 形状モデルの具体化のレベルと評価しうる性能特性および製造コストとの関係[38]

形状モデルの単純化のレベル	評価しうる性能特性	評価しうる製造コスト
概形のモデル化	候補材料に対する構造重量の概算	候補製作法を用いた場合の製造コストの概算
主要形状モデル化	静的・動的変位，固有振動数，熱変形，構造重量	基本形状製作に要する製造コストと材料費
詳細形状のモデル化	静的・動的応力とひずみ分布	詳細形状を実現するに要する溶接コスト，機械加工費等

(3) 設計解の決定

上記の方法などで図2.46のA″B″のようなパレート最適解集合が得られた後，コストが高くても性能の向上が必要であるとか，コストの増加は最小に押さえたいなど，製品に対する要求に応じて設計解が選ばれる．これには，パレート最適解集合からの選好解の決定法などを用いることができる[39]．

2.4.6 おわりに

機械製品の軽量化は，製品性能の向上のためのコアとなる設計目標である．また，軽量化は顧客の製品使用の快適性の向上をもたらし，顧客の満足度をさらに向上させる主要要因である．さらに，自然環境への影響や資源の節約の上での主要要因でもある．

既に述べたように，現在の工作機械，産業用ロボットなどの一般の機械製品は，いまだ重量が大きく，多大な運転エネルギーと大げさなコントロールが必要である．これらのことは製品性能やコスト面ばかりでなく環境問題，資源の問題からもまだまだ発展と研究開発が必要な切実な機械工学の課題である．

機械製品の軽量化と小型化は，製品の設計・生産法に対する大きな変革をもたらすと考えられる．そこでは，設計解の創生法，製品ライフサイクルに対するシステム設計技術，最適システム技術，生産技術，素材技術の発展・飛躍や新たな製作技術の創成が必要である．製品軽量化の実現は，21世紀における機械製品の設計・生産技術に対して大きな変革と産業界の隆盛の原動力になると考えられる．

参考文献

1) 赤木：設計工学（上），コロナ社（1991）p.66．
2) 同上，p.26．
3) 三浦 ほか：「自動車車体の軽量化手法」，自動車技術，**38**，4 (1984)．
4) 松下：計測と制御，**7**，12 (1968)．
5) 高野：ロボット学会誌，**4**，4 (1986) p.52．
6) ヘルテル著，土屋訳：バイオエンジニアリング，朝倉書店，p.47，p.74．
7) 竹村：システム技法ハンドブック，日本理工出版 (1981) p.538．
8) Jantcsh. E 著，マネジメントセンター訳：技術予測 上・下，マネジメントセンター出版 (1968) p.353．
9) 中村・浅田：「平面リンク機構設計へのGAの適用」，日本機械学会第5回設計工学・

システム部門講演会論文集, No. 95-24 (1995) p. 325.
10) 坂本・高田:「構造最適化の実製品への適用に関する研究」, 日本機械学会第4回最適化シンポジウム講演論文集, No. 00-27 (2000) p. 259.
11) 西脇 ほか:「柔軟性を考慮した構造の最適化 (第4報) －ピエゾ材料を用いたアクチュエータの創成」, 日本機械学会論文集 (C編), **64**, 626 (1998) p. 51.
12) 日本機械学会 編:構造・材料の最適設計, 技報堂出版 (1989) p. 25.
13) 日本機械学会 編:適応化・知能化・最適化法, 技報堂出版 (1996).
14) 日本機械学会 編:計算力学ハンドブック (第1巻 有限要素法 (構造編)), 丸善 (1998) p. 275.
15) 山崎光悦:日本機械学会講習会資料 応答曲面法による非線形問題の最適設計入門, No. 99-73 (1999) p. 1.
16) M. P. Bendsoe and N. Kikuchi : Computationa Methods in Applied Mechanics and Engineering, Vol. 71 (1988) p. 197.
17) 山崎光悦・韓 晶:日本機械学会論文集 (A編), **64**, 620 (1998) p. 1077.
18) 山崎光悦・小板橋雄也:日本機械学会論文集 (A編), **67**, 663 (2001) p. 1730.
19) 井原・下田・畦上・桜井:日本機械学会論文集 (A編), **62**, 596 (1996) p. 1091.
20) 山崎光悦・澁谷和弘:日本機械学会論文集 (A編), **64**, 620 (1998) p. 1077.
21) 三木光範・福田武人 ほか:複合材料, 共立出版 (1997).
22) 三木光範 ほか:「繊維強化複合材料平板の最大曲げ剛性設計」, 材料, **39**, 438 (1990) pp. 236-241.
23) 三木光範:「機械構造設計の最適化手法とその応用 (16)」, 機械の研究, **41**, 8 (1989) pp. 954-958.
24) S. Shao, M. Miki and Y. Murotsu : Optimum Fiber Orientation Angle of Multi-Axially Laminated Composites Based on Reliability, AIAA-91-1032, AIAA (1991).
25) M. Matsumoto, J. Abe and M. Yoshimura : "A Multi-Objective Optimization Strategy with Priority Ranking of the Design Objectives", ASME Journal of Mechanical Design, **115**, 4, Dec.(1993) pp. 784-792.
26) 円川隆夫・伊藤謙治:生産マネジメントの手法, 朝倉書店 (1996) p. 12.
27) 人見勝人 (監修), 中島 勝・吉村允孝・吉田照彦 (編集): CIM総論, 共立出版 (1993).
28) M. Yoshimura : Design Optimization for Product Life Cycle, Design for X : Concurrent Engineering Imperatives (Edited by G. Q. Huang), Chapman & Hall (1996) p. 424.
29) M. Yoshimura and R. Nomura : "Optimization of Machine System Designs Based on Decomposition and Hierarchical Ordering of Criteria and Design Variables", Proceedings of DETC '2000 : ASME Design Engineering Technical Conferences and Computers and Information in Engineering Conferences, Baltimore, Maryland, DAC-14520 (2000) pp. 1-15.
30) M. Yoshimura : "Design Optimization of Machine-Tool Dynamics Based on

Clarification of Competitive - Cooperative Relationships Between Characteristics", Transactions of the ASME, Journal of Mechanisms, Transmissions and Automation in Design, **109**, 1 (1987) p. 143.
31) M. Bendsoe and N. Kikuchi : "Generating Optimal Topologies in Structural Design using a Homogenization Method", Computer Methods in Applied Mechanics and Engineering, **71** (1988) p. 197.
32) M. Yoshimura : "Decision Making in the Choosing of New Materials from the Standpoint of Machine Structural Dynamics", ASME Journal of Mechanisms, Transmissions and Automation in Design, **111**, 1 (1989) p. 110.
33) 吉村允孝・木村充志:「設計・生産情報の同時的処理に基づく製品設計の進化的最適化」, 日本機械学会論文集（C編), **61**, 583 (1995) p. 1247.
34) K. Hitomi : Manufacturing systems engineering, Taylor & Fraancis (1979) p. 78.
35) M. Yoshimura and K. Hitomi : "Application of Group Technology to Design Optimization of Machine Structural Systems", Transactions of the ASME, Journal of Mechanisms, Transmissions and Automation in Design, **108**, 1, March (1986) p. 3.
36) 福田収一 : コンカレントエンジニアリング, 培風館 (1993) pp. 1-13.
37) 吉村允孝・泉井一浩:「設計可能空間の再構築と解の絞り込みに基づく機械システムの最適設計法」, 日本機械学会論文集（C編), **65**, 635 (1999) p. 2988.
38) M. Yoshimura and A. Takeuchi : "Multiphase Decision - Making Method of Integrated Computer Aided Design and Manufacturing for Machine Products", International Journal of Production Research, **31**, 11 (1993) pp. 2603-2621.
39) 中山弘隆・谷野哲三:多目的計画法の理論と応用, 計測自動制御学会 (1994) pp. 148-182.

第3章 輸送機器の設計事例とその技術

3.1 自動車の軽量化設計

3.1.1 はじめに

近年の地球環境問題に対する自動車会社としての取組みで，最も重要な課題は自動車の排気ガス低減技術であろう．わが国での総 CO_2 排出量のうち，25％がいわゆる運輸産業[1]からであり，これを少しでも少なくすることが，今後とも自動車をつくり続ける業界の使命であることはいうまでもない．

排出ガスを低減させる当面の最も有効な手段は燃費の向上である．燃費向上対策[2]としては，①エンジンの効率向上，②駆動系の効率向上，③走行抵抗低減，④軽量化の四つの方法が考えられるが，①～③については既に長年研究され，その成果は活かされてきた．しかしながら，軽量化については，まだまだ研究開発できる要素をいまだに残しているといえよう．

著者は，大学に籍を移すまでの約20年間，自動車会社〔日産自動車（株）〕に在籍し，軽量化を推進すべく，主にプラスチックの適用（樹脂化）拡大を進めてきた．軽量化には，大きく分類して，構造の改良と材料の変更が考えられるが，ここでは著者の経験をもとに，材料の変更という一面から述べる．

また後述するが，樹脂による軽量化においては，「スチールへの単なる置換え」の時代はもう終わり，「樹脂に置き換えることのメリット」を考えなければならない．なぜなら，スチール90円/kgに対して，プラスチックは300円〜10 000円以上/kgと素材費は断然高い．にもかかわらず，樹脂化ではコストメリットを創出する必要がある．このために，多くの部品の一体化や，成形方法の改善による加工プロセスの減少など，樹脂化は，高付加価値化なくしては成立しないことになろう．

本節では，以上の観点より自動車への樹脂化という立場で，実部品への軽量化事例を述べる．

3.1.2 樹脂化による軽量化技術のキーポイント

樹脂化による自動車部品適用の歴史や適用部位については他の報告に譲ると

して，まずはプラスチックを用いることによる長所を考えてみる．一般には，① 軽量，② 耐食性，③ 優れた電気的性質，④ 自己潤滑性，⑤ 優れた成形性，⑥ 着色容易，⑦ 複合化可能[3] などが挙げられる．一方，短所は ① 耐熱性が劣る，② 寸法が不安定，③ 機械的強度が低い，④ 耐久性が低い，⑤ 高吸水性などである．

　樹脂化による最も大きなメリットとは，長所 ① の軽量化はいうまでもなく，⑤ の成形性が優れていることが挙げられよう．これは，金型により複雑な形状でも成形可能なことを示している．プラスチック部品における代表的成形方法として，射出成形法とブロー成形法がある．射出成形法は薄肉の大型部品が製造可能であり，ブロー成形法は中空品の成形に適している．この二つの成形方法により製造された部品の特徴としては，形状が複雑であっても，一つのプロセス（金型）で成形することができることである．これは，例えば同じ形状であっても，鉄板プレス成形の場合，ドロー工程，トリム工程，ピアス工程など，通常 複数のプロセス（金型）となってしまう．このように一般的にプロセス（金型）数が少ないことはトータルコスト低減に対して大きなメリットとなりうる．

　しかしながら，プラスチックを用いるデメリットもある．特に大きな問題としては，寸法が不安定であり，また時間の経過に伴い寸法が変化することである（粘弾性的性質）．この性質は，いわゆる「つくり方」によって大きく左右されるため，つくり方のプロセスを十分に最適化する必要がある．これを解決するための一つの手法にコンピュータを使った成形条件の最適化（成形シミュレーション）が進んでいる．実部品への適用例は後述する．

　樹脂化による軽量化技術のキーポイントとして，尾田らが提案している分類方法を引用し，機能設計・構造設計・材料設計の観点より樹脂化を分類してみる[4]．

(1) 機能的には，1部品，1部材で多機能化・多目的化を図ること．
(2) 構造的には，骨組化，板・殻化，トポロジー化を図ること．
(3) 材料・組織的には，異方性の利用など，適材適所を図ること．

　この三つの観点から，具体的部品開発の例を紹介する．
　まず (1) については，プラスチックを用いることの長所である成形自由度の

大きさを生かし，部品の一体化を実現した例として，CFRP（カーボン繊維強化プラスチック）製ターボチャージャインペラと，ポリエチレン樹脂製ガソリンタンクを取り上げる．これらの部品は，形状が複雑であるために，切削加工やプレス成形では工程が多くなりコスト高になってしまう．このため，インペラは射出成形法により，またガソリンタンクはブロー成形法により一つの工程で製造することによって，従来品に比べて多くの部品を一体化することができた．

次に(2)の例としては，ここでは樹脂製バンパの例を挙げる．バンパは，約20年前より軽衝突時の安全性確保のため樹脂化が進められてきた．従来までのスチール製とは構造が異なり，バンパフェーシア，エネルギー吸収体ならびにバンパビームの3構造により構成されている．それぞれの部品は，すべてプラスチックながら機械的特性が異なり，衝突時の役割を分担し，一つのユニットを構成している例である．

さらに(3)の例としては，一方向強化のGFRP（ガラス繊維強化プラスチック）製リーフスプリングを例にとる．このリーフスプリングにかかる力学的負荷は，ほとんど曲げ変形であり，ねじれを受けることは少ない．したがって，一方向だけに強化し，材料の異方性を最大限活用した設計例であるといえる．

以下，四つの部品についての樹脂化事例を述べ，さらには前述したように，樹脂化では「つくり方」に左右されるため，そのつくり方を最適化した成形シミュレーションの例（ガソリンタンク，バンパ）も併せて述べることにする．

3.1.3 プラスチックの適用事例
(1) 樹脂製ターボチャージャインペラ

ターボチャージャ（図3.1）は，排気ガスの力を利用して，タービンロータを回転させ，同軸上にあるインペラにより，吸入空気を圧縮して燃焼室に送る構造となっている．ターボラグ（ターボが作動するまでの時間差）低減のためには，インペラを軽量化し，慣性モーメントを低減させることが効果的である．ここでは，高温での強度や信頼性，トータルコストの観点から，材料としてはCFRP，成形法としては射出成形法が用いられている [5]．

① 材　料

インペラにかかる負荷は，高速回転するために生ずる遠心力およびスラスト

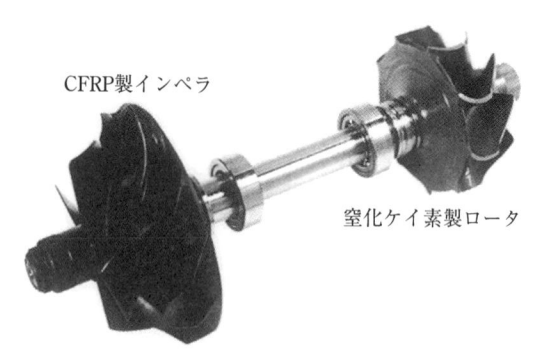

図 3.1　自動車用ターボチャージャ(回転部分)
〔写真提供：日産自動車(株)〕

荷重とタービン側から回転軸を介して伝わる熱，および空気を圧縮することにより発生する熱(約 120 ℃)である．このため，通常のプラスチックでは不可能であり，耐熱性の高いスーパーエンプラと比強度・比剛性の高い炭素繊維を強化材とした CFRP を用いている．さらに射出成形温度が高いために，炭素繊維とプラスチックとを接着するサイジング剤(カップリング剤)が成形中に熱分解して十分な強さが得られない．ここでは，新たに熱安定性と接着性に優れたスーパーエンプラのサイジング剤を開発し，引張強さを 20〜45 MPa 改善している．

② 成　形

射出成形法にて成形を行なう以上，金型は 1 個で構成されなければならない．そのために金型構造は非常に複雑(入れ子型)になるため，三次元ソリッドモデラを使ったシミュレーションにより，入れ子型の抜き方法を検討している．代表的なインペラの形状は，図 3.2 に示すように長翼と短翼が交互に配置されている．したがって，入れ子形状は同図に示す A，B の 2 種類がある．長・短翼の翼面形状は共通であり，基本的に高さのみが異なる．詳細は省略するが，長翼が短翼にかぶさる形になっているため，入れ子 A には直線で抜ける方向が存在するが，入れ子 B はどの方向にも抜くことが不可能であり，より複雑な方法でなければ抜けないことがわかった．そこで，入れ子は直線上を回転させながら抜くこととし，その抜く軌跡を三次元ソリッドモデラ上で試行錯誤により試み，干渉を起こさない抜き方向，回転角の組合せを見出した．

③ 樹脂化の効果

インペラの材料をアルミ合金から樹脂にすることにより，インペラ単体での重量，慣性モーメントはそれぞれ約 50 % と 37 % 低減することができた．この結果，インターセプトタイム（アクセルを踏んだときから設定過給圧までの到達時間）が約 15 % 短縮され，ターボラグが大幅に改善された．

（2）樹脂製ガソリンタンク

自動車のシャーシまわりは，4WD 化や 4WS 化により機構の複雑化が進み，そのためにスペースユティリティは減少されており，わずかなスペースも有効に利用してガソリンタンクの容量を確保することが課題となっている[6]．

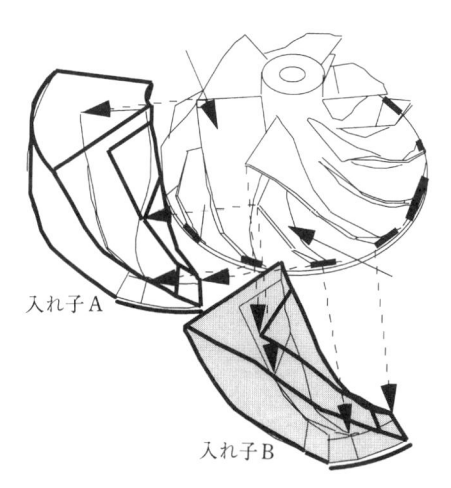

図 3.2 インペラ部品および入れ子形状

この場合，部品形状は必然的に複雑になってしまい，前述したように，鉄板プレスと比較して一体化が可能なブロー成形のメリットは大きいが，同時に肉厚分布の制御が困難になる．すなわち部品のコーナ部分が，中央部分に比べて薄肉（偏肉）となってしまい，強度が低下するという課題がある．この偏肉化の対策として，全体の肉厚を上げてしまうことは簡単な対応策であるが，それでは軽量化が実現しにくい．したがって，いかに偏肉を少なくするかが，この部品の場合の軽量化のポイントとなった．

ここでは，用いられたポリエチレン樹脂や大型ブロー成形技術などは他の報告に譲るとして，薄肉化を解決するために，著者らが取り組んだブロー成形シミュレーションの解析事例を述べる．

① ブローアップ工程へのシミュレーションの適用

ここでは，実形状に近い模擬タンク（図 3.3）を例に挙げて説明する．解析は，汎用有限要素法をベースに，溶融体の構成方程式（応力 - ひずみ関係）の設定および金型剛表面の幾何学的定義方法に工夫を行なっている．解析には，以下の仮定を設けた．

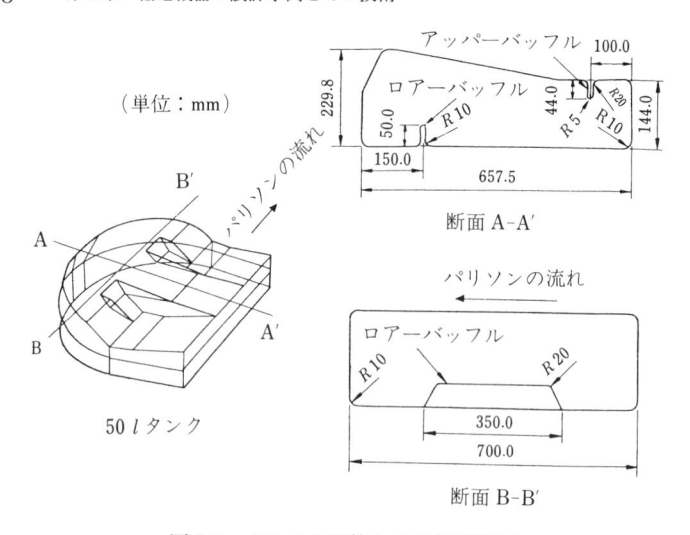

図3.3 タンクの形状および解析断面

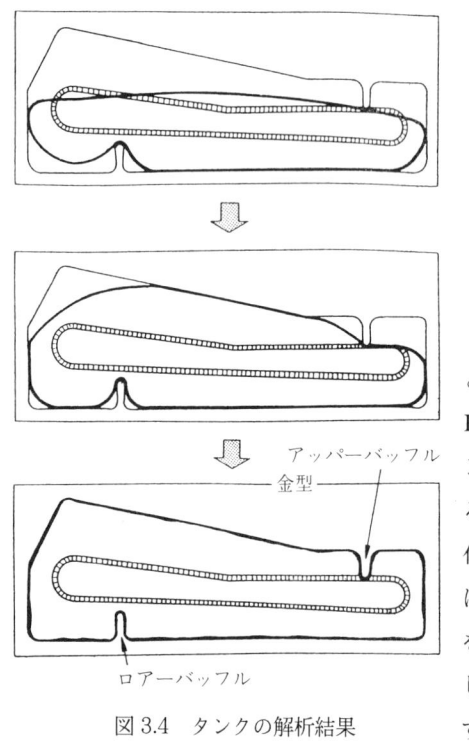

図3.4 タンクの解析結果

(1) 押出し後のパリソン温度は一定
(2) ひとたび金型と接触した材料は金型面上に固着する.
(3) パリソンは,空気圧と平衡を保ちながら膨張変形する（荷重増分法を用いる）

ここでは,解析結果の出力の一例として,特にA-A′断面およびB-B′断面におけるバッフル（ガソリンの流れ音を制御するために設ける）近傍およびコーナ部分の肉厚変化に注目してみる（図3.3）.ここでは,CPU時間の制約からパリソンを貫く材料移動はないものと仮定し,A-A′断面における解析例を示す（図3.4）.吹込み開始直前,吹込

み中，および終了直前の例として三つのステップについて図示している．それぞれの結果から明らかなように，部品のコーナ部分およびバッフルのつけ根部分の肉厚が他に比べて薄くなっているのがわかる．

図3.5は，バッフル部分についての肉厚分布解析値と実測値とで比較している．これより多少の数値誤差はみられるが，精度よく表わしていると判断できる．これらの結果をもとに，バッフル位置やコーナ曲率を変更した幾つかの形状モデルをつくり，最適な成形品肉厚分布となるような初期パリソンや金型形状を検討することができる．

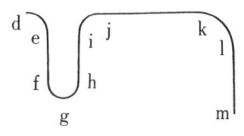

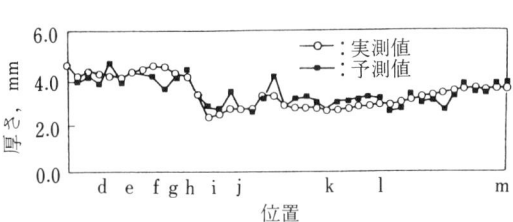

(a) ロアーバッフル断面 A-A'

(b) ロアーバッフル断面 B-B'

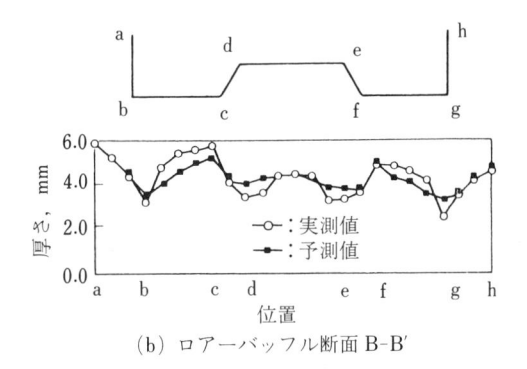

図3.5 バッフル部分の肉厚分布比較

② 樹脂化の効果

軽量化は，従来までの鉄板プレスに比べそれほど変わりはないが，鉄板プレスでは深絞りすぎて，成形できない形状をも成形することができ，その意味での効果（容量確保）は大きい．さらに，コストメリットは車種や生産台数にもよるが，十分に量産車に適用したとしても，コストメリットを創出することができている．

(3) 樹脂製バンパ

バンパを樹脂化する背景には，軽量化のニーズはいうまでもないが，約20年前からの米国における，いわゆる5マイル規制法案（時速5マイルで衝突しても，元に復元するバンパシステム）により，これを解決すべく活発に開発され，

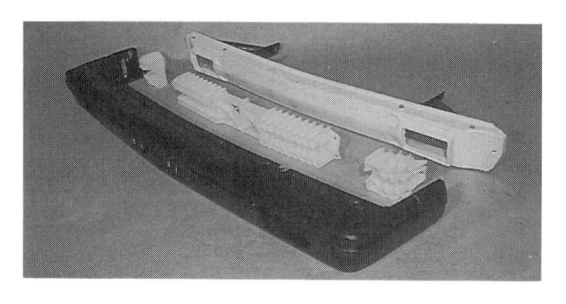

図 3.6　樹脂製バンパ

現在ではわずかな特殊仕様を除き，すべてが樹脂製バンパに置き換わってきている．樹脂製バンパの主な構成を図 3.6 に示す．外側からバンパフェーシア，エネルギー吸収材，バンパビームの構成となっている．

それぞれの使用材料としては，フェーシアはポリプロピレン樹脂，エネルギー吸収体はポリエチレン樹脂，ビームは SMC（Shee Molding Compound）が用いられている．前述した軽量化のキーポイントの考え方どおり，それぞれ役割（骨組・殻）が異なり，フェーシアは全体の保護と小変形の吸収，エネルギー吸収体は大変形時のエネルギー吸収，ビームは衝突強度を分担している．

この部品では，製品化可否の最も大きな課題は，バンパフェーシア部をいかに高品質でつくる（射出成形法）か否かである．したがって，これを効率よく実現できなければ，バンパの軽量化はあり得ないことになる．射出成形法による成形では，バンパフェーシアは大型部品の分類であり，また前述のように一体でつくられなければコストメリットはない．したがって，いかに金型や成形条件を最適化するかが，製品化のポイントである．

ここでは，射出成形シミュレーションを用いた数値解析手法により，金型設計の効率化，バンパフェーシアのさらなる薄肉化を実現した事例を述べる．

① 射出成形シミュレーションの適用

射出成形過程は，溶融したプラスチックが，冷却された金型内に流し込まれ固化する現象である．このため，このプロセスの解析は流動と冷却との連成問題となる．解析は，まず金型初期温度を計算し，次に流動問題を解く．冷却は二次元の熱伝導解析により，また流動は二次元の粘性流体を仮定して，ナビア－ストークス式を簡略化して用いる．この際，材料の構成方程式を作成するために，ひずみ速度依存の粘度データをあらかじめ取得し定式化しておく．

図 3.7 は，バンパフェーシア部への射出成形シミュレーションを適用した結

果を示す.図中の等高線は流れのパターンを示しており,金型内で溶融したプラスチックが,どのように流動・充てんしていくかがわかる.これらの解析によ

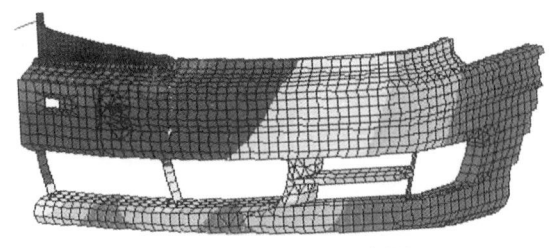

図3.7 フロントバンパの流動解析

り,ゲートと呼ばれる溶融プラスチックの流入口の位置や形状,最終充てん位置,成形機械の選定,ならびに肉厚分布の最適化が可能となる.肉厚分布の最適化は,軽量化設計という観点から考えれば大きなポイントになろう.

一般に,射出成形品は,軽量化しようとして板厚を薄肉にすればするほど流動抵抗は大きくなり,そのために成形が困難になる.そこで,薄肉化が可能かどうかを金型設計の段階で事前に知ることはトータルで考えると非常に効率的である.また成形機の選定が可能になれば,現有の射出成形機でどれほどの大きさの物が成形できるかが予測でき,バンパフェーシアとの部品の一体化(例えばグリルやエアインテークなど)の可否が判断できる.また,解析では材料データベースを変更することにより,さらに軽量(低密度)な材料を種々同時に検討することができる.

以上のように,バンパを樹脂化し,軽量化を実現するためには,ここで述べた解析技術を事前に適用し,金型設計・製作へ事前に織り込むことが不可欠と考える.

② 樹脂化の効果

本解析技術を用いて,例えばポリプロピレンによるバンパフェーシアを例にとると,部品の肉厚を3.5 mmから3.2 mmとすることができた.これは,従来品の10%の軽量化であり,バンパが前後にあることから,トータルでは約1 kgの軽量化がさらに実現したことになる.さらに,金型設計・製作を行なう前に種々の問題点が事前に解決される効果は,トータルコストに対して非常に大きな寄与であることはいうまでもない.

近年の解析技術では,流動解析結果を初期条件とし,そり変形解析が可能になってきている.このことは,薄肉化とそり変形量とを定量化できることであ

り,さらなる軽量化技術として注目したい.

(4) GFRP 製リーフスプリング

GFRP リーフスプリングは(図3.8),一方向ガラス繊維強化プラスチックの特徴を生かし,形状や厚さを自由に変えることにより,強度とばね定数とをバランスよく設計できるというメリットがある.このため,軽量化のみならず,良好な音振特性,乗り心地向上が図れる.しかし,部品設計においては,材料が異方性をもつために,通常の等方性とした場合の解析では,十分に材料の異方性を生かした設計とはなりにくい.このため,異方性を考慮した大変形有限要素法を用いて,最適な形状・断面を計算する技術をここでは紹介する[7].

FEM によるリーフスプリングの構造解析は大変形問題である.このため,汎用有限要素法の大変形機能(荷重増分法)を利用する.さらに異方性にいては,繊維の強化方向と非強化方向について引張試験を行ないヤング率を求めた後,FEM 解析における剛性マトリックスの変換を行なう.すなわち,異方性の大きさを図3.9の式ように定義し,異方性の方向を図3.10の式のように定義する.

図3.11,図3.12は,それぞれ変形図ならびに等応力線図を表わしている(図をみやすくするために,Y 軸方向

図3.8 GFRP リーフスプリング

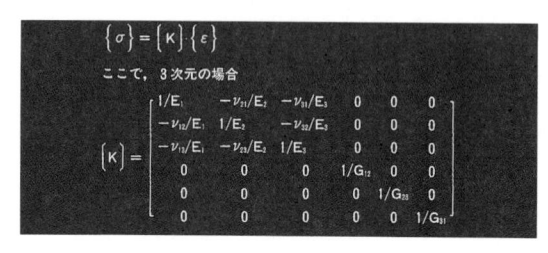

図3.9 異方性の大きさの定義

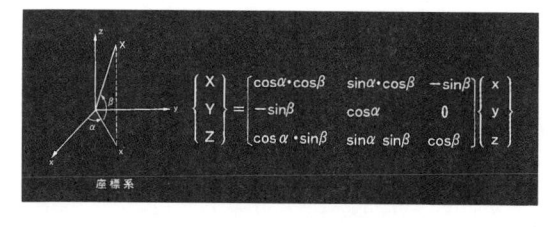

図3.10 異方性の方向の定義

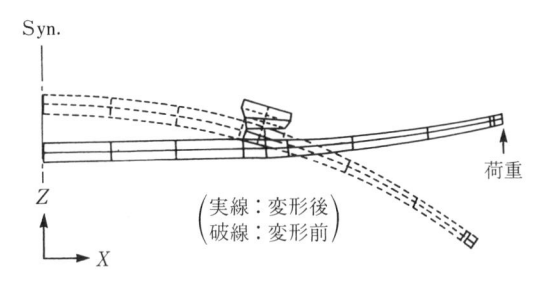

図3.11 FRPリーフスプリングの変形図（フロントビュー，1/4モデル）

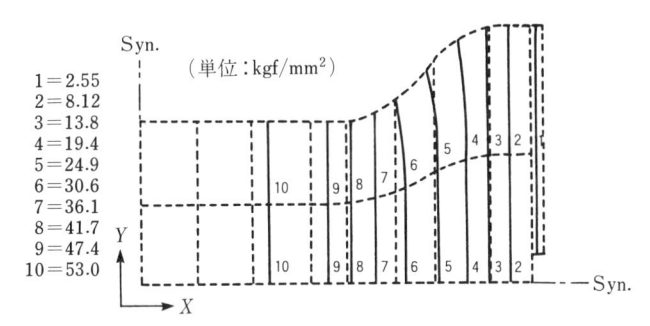

図3.12 FRPリーフスプリング X 軸方向の等応力線図（プランビュー，1/4モデル）

のスケールを10倍拡大している）．この解析手法により，形状や材料構成（例えば強化繊維配向方向や本数など）と応力分布との定量的把握が可能となり，最適化システムとして技術蓄積できた．

3.1.4 おわりに

自動車の軽量化設計というテーマで述べてきたが，筆者は材料側（特にプラスチック）より，軽量化のアプローチを進めてきため，プラスチックを用いた軽量化に偏った内容になったことをお断りしておきたい．

いずれにせよ，スチールの単なる材料置換ではコストメリットを創出することは難しい．材料の特性にあった設計やつくり方により，いかに一体化し高機能化していくかが，軽量化のポイントと考える．このためには，本節で紹介した数値シミュレーションを用いた解析技術の確立が不可欠と考える．

3.2 車両の軽量化設計

3.2.1 はじめに

近年,鉄道車両には省エネルギーと地球環境問題への配慮から大量輸送機関としての期待が高まり,また,公共機関として時間効率,居住性向上の観点から高速化,快適化および安全性が強く求められる.これらの要求を満足する車体構造を実現するためには,軽量化,低騒音化,信頼性向上を図るための技術のほかに,最近ではLCA(Life Cycle Assessment)や少子化,労働者層の変化などの社会情勢を加味し,広く社会のニーズに対応した技術の開発が必要となる.

軽量化は,車両性能の向上(高速化,加減速向上)に伴う機器容量増の吸収,運行動力費および軌道保守費の節減などを目的とした最も重要かつ基本的な設計技術の一つであるが,軽量化に付随した振動,騒音問題などを解決し,鉄道車両特有の制約条件のもとで総合的評価を行なわなければならない.

本節では,鉄道車両の車体構造について,① 軽量化設計の動向,② 軽量化設計の考え方を中心に,③ 信頼性評価を含め,その取組みについて述べる.

3.2.2 軽量化設計の動向

車体の設計に当たり,要求性能を満足させるため種々の技術課題を解決する必要がある.この中で重要な項目として,軽量化と価格低減技術が挙げられる.在来線と新幹線に大きく分けられる車体の設計において,上記の二つの技術課題に対して,前者の車体では生産合理化,後者では生産合理化と,特に軽量化を優先して取り組むことになる.

ここでは,構体,内装,ぎ装からなる車体のうち基本構造物である構体を主対象として述べる.

(1) 車体構造

現在,車体構造としては,鋼製車,ステンレス車とアルミニウム合金車(以下,アルミ車とする)がほぼ三分した状況[8]となっているが,最近の10年間ではアルミ車の製作数が多くなっている[9].軽量化の面でみると,在来線レベルで構体質量は,図3.13に示すとおり鋼製車9～10 ton,ステンレス車6～7 ton,アルミ車4～6 tonであり,アルミ車が有利と考えられる[10].

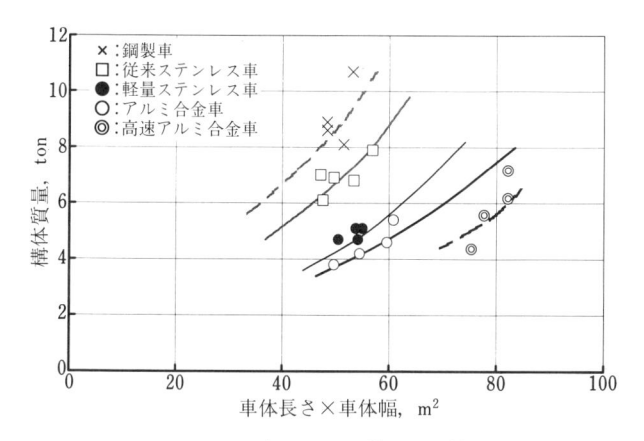

図 3.13　各種の構体質量の比較

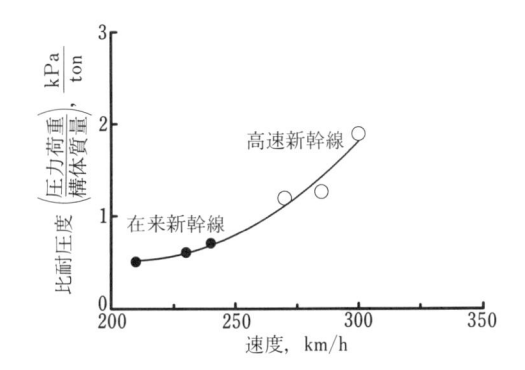

図 3.14　新幹線構体の比耐圧度の速度依存性

　新幹線に代表される高速車両において，運転最高速度は当初の 210 km/h から最近では 300 km/h へと高速化している．高速車両の構造設計においては，軽量化により軸重を軽減し，地盤振動を抑制する．さらに，図 3.14 に示すとおりトンネル走行時に発生する圧力波が速度の 2 乗に比例して増大するため，高速新幹線においては，当初の新幹線に比較して約 3.7 倍の比耐圧度を有する軽量構造が要求される[11]．

　鉄道車両の構造設計においては，軽量化と剛性向上のほか，快適性，信頼性の向上を図り，総合的に評価する必要がある．さらに，コストパフォーマンスの高い構造とするため，適正な材料選定（部位による異種強度材料，塑性加工構造材の使用），アルミ合金大型形材の活用，アルミ合金とステンレス鋼を組み合わせたハイブリット構造[12]，複合樹脂構造[13] などが考えられている．

（2）設計コンセプト

　上記の車体構造のうち，国内において軽量化と製作コストの面で将来の発展

性と多くの実績がある次の2種類の設計コンセプトについて述べる.

① 軽量ステンレス車体

ステンレス鋼は,耐食性がよく,強度的に優れ,曲げ・プレス加工などの塑性加工性もよく,車両材料としては好適である.図3.15は本車体の設計コンセプトを示したもので,その主な特徴を次に示す[14)～16)].

(1) 組立ては,ひずみ抑制のため全スポット溶接構造とする.
(2) 骨組同士の結合には,ひずみの発生防止と応力緩和に優れた立体骨組継手を適用する.
(3) 外板は剛性向上を図るため,ビード出し外板とする.
(4) 構造材料として炭素含有量の少ない高抗張力鋼 SUS 301 を適用する.

なお,最新の車体においてメンテナンス性が良好で,部品点数をより少なくできる完全平板の外板構造とし,製作の自動化を多く取り入れた次世代車体構造のものも登場している[17)].

② アルミニウム合金製車体

アルミ合金を構体に用いる第一の目的は軽量化で,これにより車両性能の向上など,各種の大きな効果が期待できるからである.軽量化以外にも,耐食性向上に伴う保守費の節減,デザイン性の拡大などの目的もある[8)].

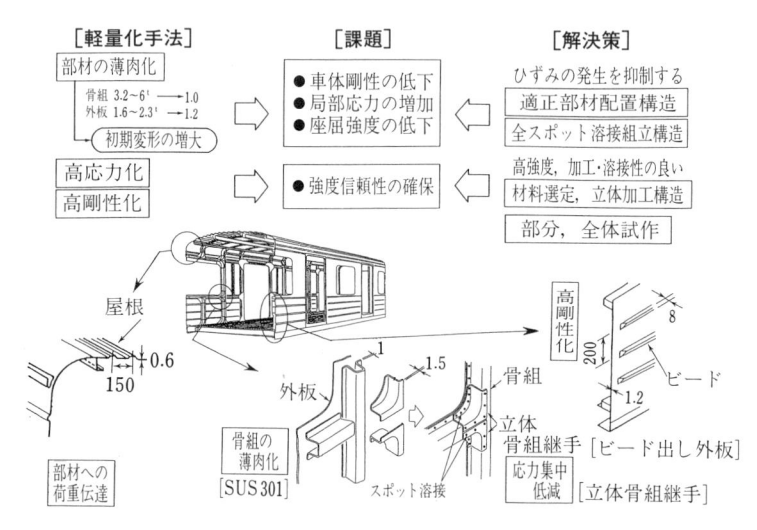

図3.15 軽量ステンレス車体の設計コンセプト

アルミ車は，その発達過程により図3.16に示す構造に分類される[8), 18)]．この中，シングルスキン構造は次の3段階に分類される．

(1) 普通押出し形材＋外板構体（板材）

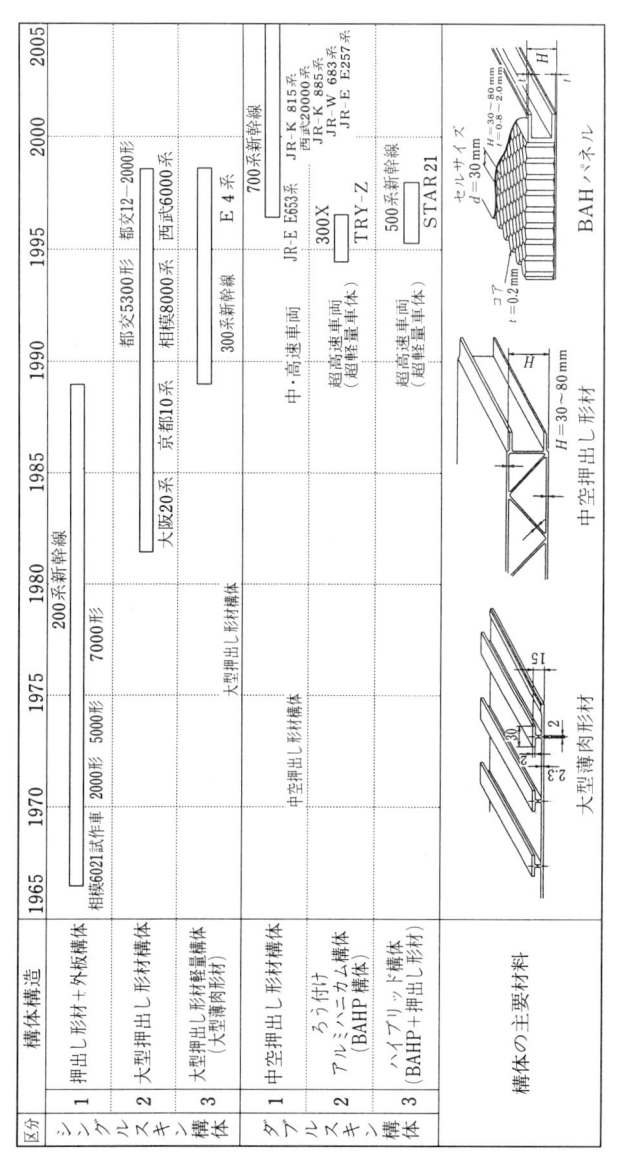

図3.16 アルミニウム車体の変遷と構体の主要材料[18)]

(2) 大型押出し形材構体（特殊広幅形材）
(3) 大型押出し形材軽量構体（大型薄肉形材）

ダブルスキン構造は，大型の中空押出し形材（表裏2枚の表皮と中間のトラス材で形成）で構造全体を，また内側に骨組のない構成[16),19)]とし，シングルスキン構造に対し一段と製作の合理化が図れる構造としている．ダブルスキン構造でさらに軽量化を狙うものとしてBAH（ろう付けアルミハニカム）パネル[15),20)]，複合パネルが考えられている．最近では，押出し形材同士をFSW（Friction Stir Welding）[21)]で結合し，外板に極力ひずみを出さない高精度な車体[18)]も登場している．このダブルスキン構造車体の設計法に関しては，3.2.3(3)項の設計事例でより詳しく述べる．

3.2.3 軽量化設計の考え方

(1) 構造・荷重および要求性能

① 構体構造と作用荷重

図3.17に代表的な在来線の構体を示す．主強度部材である構体は，下面の台枠，両側面の側構体，上面の屋根および前後端の妻構体より構成される．台枠は，連結器を介した前後方向の衝撃荷重および床面に作用する種々の荷重に耐える必要がある．側構体は，車体の垂直曲げ剛性を支配する重要な構造体である．

構体に作用する主な荷重としては，①車体の自重と乗客重量からなる垂直荷重，②車両の連結部から加わる車端圧縮荷重，③ねじり荷重，④高速車両がトンネル内を走行する時に受ける圧力変動による荷重などがある．

車体構造は，構造を決めるうえで支配的となる作用荷重により，概略を図3.18に示すように分類される．在来線の構体では，主として車体自身の加振による繰返し荷重により，また新幹線の構体ではトンネル内走行時に

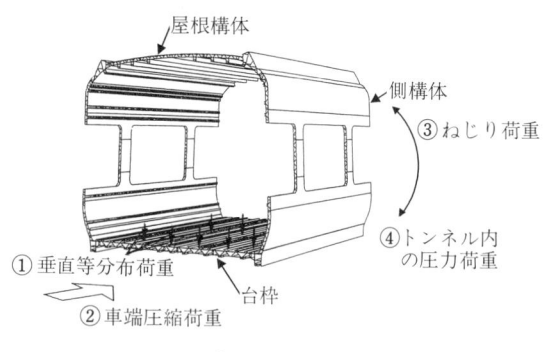

図3.17　車体構造と荷重の種類

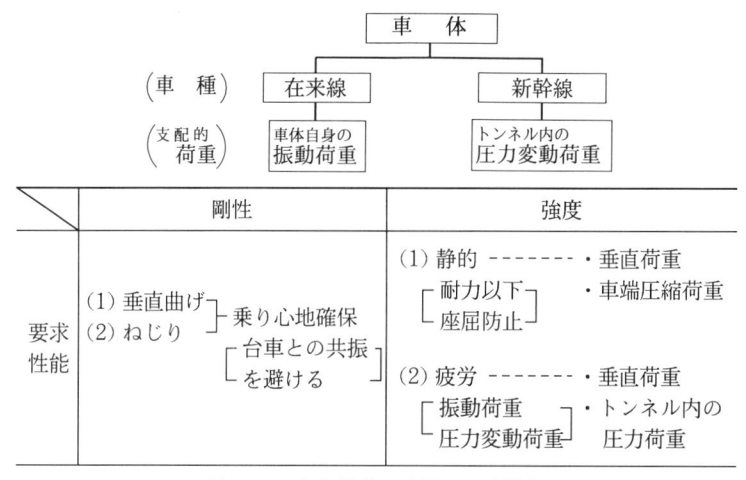

```
                          車　体
                    ┌──────┴──────┐
       (車　種)    在来線        新幹線
       (支配的)   車体自身の    トンネル内の
       (荷　重)   振動荷重      圧力変動荷重
```

	剛性	強度
要求性能	(1) 垂直曲げ ┐乗り心地確保 (2) ねじり　 ┘ 　　　　　　┌台車との共振 　　　　　　└を避ける	(1) 静的 ------ ・垂直荷重 　　┌耐力以下┐　・車端圧縮荷重 　　└座屈防止┘ (2) 疲労 ------ ・垂直荷重 　　┌振動荷重　　┐・トンネル内の 　　└圧力変動荷重┘　圧力荷重

図 3.18　車体構造の分類と要求性能

受ける圧力変動による繰返し荷重により構造が決定される．

② 設計要求性能

車体の設計では，基本的に要求される剛性と強度を満足させ，軽量化を図る必要がある．車体の曲げ剛性については，車両としての乗り心地性能を得るため，台車との共振を避けるようにある程度以上の値を確保する．車体の強度については，静的および疲労強度を考慮して設計を行なう．垂直荷重，車端圧縮荷重により発生する静的応力に対しては耐力以下に設計し，薄板構造特有の座屈強度でも制限される．

疲労強度のうち振動成分による応力は，垂直荷重によるものが支配的で，台車が位置する支点近傍の窓，出入口などのコーナ部の強度設計が重要となる．高速車両が対象となるトンネル内の圧力変動荷重に対しては，車体全体にわたる強度設計が必要となる．

（2）軽量化設計の基本事項

① 構造解析および強度評価

車体の構造設計上必要となる構造解析および強度評価について，図 3.19 の流れに沿って説明する．

要求される剛性値を満たすように車体全体の剛性解析（通常，三次元 FEM 解析）を行なう．この場合，中空押出し形材や波形外板のように，複合体構造

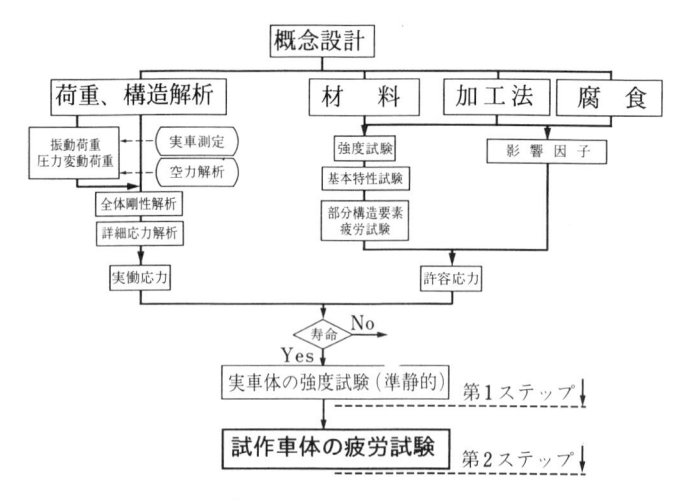

図 3.19 車体の強度設計と信頼性評価フロー

においては図 3.20 に示す異方性板モデル[22]~[24]に置換して解析を行なう．出入口，窓などの開口部に発生する局部応力については，上記の剛性解析モデルをもとにズーミング解析[25],[26]を行ない，評価する．

強度評価の考え方として，振動荷重に対しては永久寿命設計，またトンネル内の圧力変動荷重に対して有限寿命設計を行なう．アルミ合金材料の一般的強度データとして母材，溶接継手の疲労強度[27]，また車両特有のものとしてスポット溶接継手[26],[28]，栓溶接，形材のリブ溶接部[29]，ハニカム構造部[23]などの疲労強度データが必要となる．

② 軽量化設計の重要点

車体軽量化の基本的な考え方を以下に示す．

a. 車体の構造強度特性を十分考慮して部材配置を決める

図 3.21 に示すとおり，車体形状，車種，部材剛性により車体の強度特性が異なる．また，荷重条件によっても要求性能が異なる．そのため，車体各部に要求される特性にマッチした部材剛性，配置を選び，最軽量の構造とする．

b. 押出し形材の特性を十分に生かす

形材には方向性があり，その向きにより強度特性（曲げ剛性，座屈強度など）が大きく異なる．また，断面の形状が自由に選べることから，要求性能を満たし，その中で最軽量の構造とする．さらに，複合効果（ぎ装取付けレールなど）

3.2 車両の軽量化設計

	シングルスキン構造		ダブルスキン構造
	平板	波板	
垂直荷重 車端荷重	・外板/板シェル要素 ・骨組/オフセットを考慮したはり要素 ・形状/構体の形状を正確にモデル化(特に側構体の形状)	・下記の剛性を満足したモデル化 面内引張り $\alpha_x = \dfrac{p_w}{p}\dfrac{E_0 t_0}{1-\nu^2}$ $\alpha_y = \dfrac{1}{I/p\,t_0}\dfrac{E_0 t_0^3}{12(1-\nu^2)}$ 面外曲げ D_x, D_y の中,一方 $D_x = (I/p\,t_0)[(E_0 t_0/(1-\nu^2)]$ $D_y = (p/p_w)[(E_0 t_0^3/12(1-\nu^2))]$ せん断 $\beta = (p/p_w)G_0 t_0$	・下記の剛性を満足したモデル化 面内引張り α_y 面外曲げ D_x, D_y せん断 β

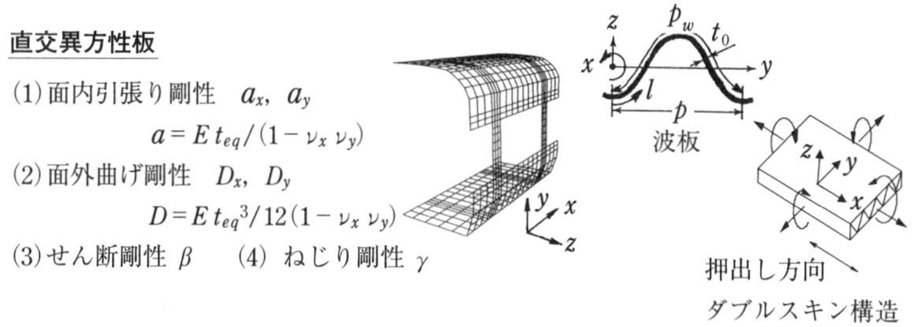

直交異方性板

(1) 面内引張り剛性 a_x, a_y
$$a = E\, t_{eq}/(1-\nu_x \nu_y)$$
(2) 面外曲げ剛性 D_x, D_y
$$D = E\, t_{eq}^3/12(1-\nu_x \nu_y)$$
(3) せん断剛性 β (4) ねじり剛性 γ

図 3.20 車体の構造解析における異方性板モデルへの置換方法 [22]〜[24]

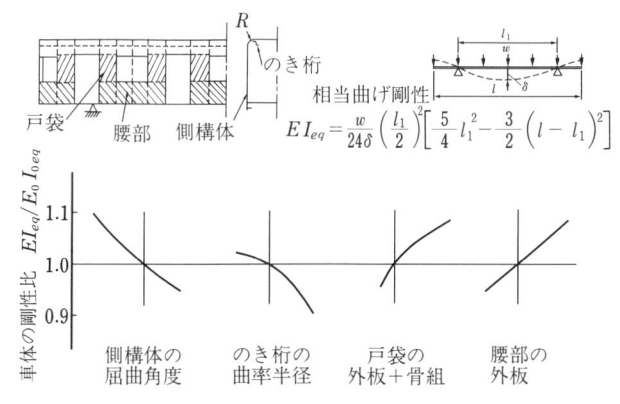

$$EI_{eq} = \dfrac{w}{24\delta}\left(\dfrac{l_1}{2}\right)^2\left[\dfrac{5}{4}l_1^2 - \dfrac{3}{2}(l-l_1)^2\right]$$

図 3.21 車体剛性への車体形状,部材剛性の影響

を狙う.

　　c. 製作容易,自動化可能な部材構成とする

　形材同士の組合せを考える場合,図3.22に示すように外板部に溶接によるひずみを出さない浮骨構造,部材セッティング時間の短縮と自動溶接が可能な片面溶接構造を考える[29),30)].この場合,当構造部の強度的信頼性を十分確認しておく必要がある.

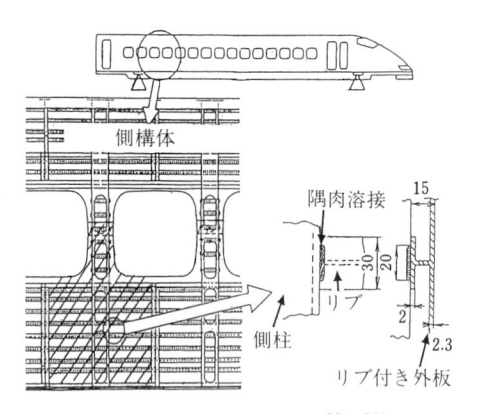

図3.22　構体の浮骨構造[29),30)]

d. 新材料の有効利用を図る

　車体には,制振,断熱,遮音,性能などが要求される.これらの特性を兼ね備えた複合材料,サンドイッチ材料などとの併用も考え,車体全体の軽量化を図る.

e. 各構造要素の特性を正確に把握する

　上記の特性を事前に把む必要がある.そのため,構造解析や実験解析による評価などの解析手法を確立しておくことが重要である.

（3）軽量化設計の事例

① A－train次世代車両

　a. 基本コンセプト[18)]

　本設計では,顧客や社会の多様なニーズへの対応と今後の熟練技術者の減少と少子化という背景のもと,図3.23に基本コンセプトをまとめた.その主なものを次に示す.

　　1. リサイクル,リユース,メンテナンス,ライフサイクルコスト性の向上

　"アルミニウム合金が軽量,耐食性によく,長寿命であり,省メンテナンス性に優れ,リサイクルしやすい材料であることなどから,車体の製造から廃棄・再利用までのライフサイクルコストを考慮した場合,有利な材料である"ことに注目した.

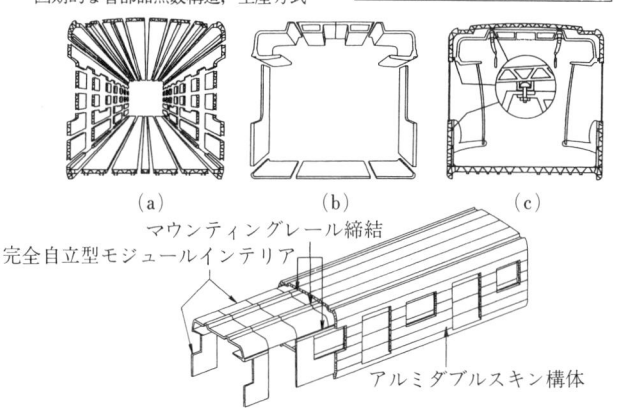

図 3.23　A-train次世代車両の設計コンセプト

2. 高品位，高精度の車体構造

面外曲げ剛性が高い中空押出し形材による構造材のみで，内面に骨組が不要なシンプルな車体構造設計が実現する．さらに，ひずみと変色が極めて少ないFSWを押出し形材同士の接合に用いることにより，平坦度が得られ，高級感があり，高精度な車体を構成することができる．これにより，構体に依存しないぎ装構造設計と，アルミ合金の長所である自由な断面形状を選択でき，意匠性の高い構造設計を可能にする．

3. 画期的な省部品点数構造，生産方式

長尺の大型押出し形材で構成し，接合のロボット化による高品質（高信頼性），高精度の構体とすることにより，アウトワーク化した自立形モジュールインテリアとの組合せが可能となり，極端に部品点数の少ない車体構造とする．さらに，上記両方の大型構成材を半自動化したかしめボルト締結（解体も容易）で取り付けることにより，熟練技術者に依存しない，組立て性に優れた生産方式とすることができる．

b. 軽量化設計手法

上記の設計コンセプトをもとに，3.2.3 (2) 項で述べた軽量化設計の基本事項

を考慮し，主として次に述べる手法によりダブルスキン構造の軽量化を図った．

在来線用構体においては，垂直曲げ剛性を支配する側構体の構造と，強度的に厳しくなる窓や出入口隅の構造に軽量化と強度限界値を追求することで設計を行なう[22),24)]．まず，側構体の構造設計については，それを構成する吹寄せ，窓周辺および腰部の部材の軽量化を図る．図3.24は，構体に垂直荷重を負荷した場合に側構体に作用する代表的な力の分布例を示したものである．側構体の支点近傍ではせん断力に，中央部では曲げモーメントに影響されることがわかる．この図より，支点近傍においては吹寄せ部の剛性が車体剛性に大きく影響することがわかり，この部材設定が重要となる．

一方，骨組のないダブルスキン構造において構造解析上，この構造部の面内せん断変形挙動に注目する．図3.25は，車体剛性の評価に及ぼす吹寄せ部の要素分割数の影響を示したものである．このようなシェル要素単独の解析モデルにおいては，その特性を考慮して当構造部の要素分割数に十分注意を払う必要がある[24)]．

次に，窓開口部の強度設計については，図3.24に示したとおり支点近傍の窓隅に大きな局部応力が生じる．そこで，アル

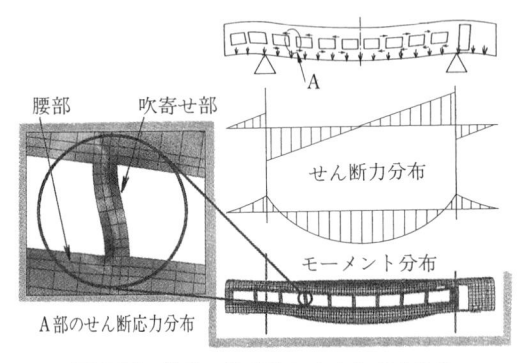

図3.24 構体の代表的な応力と変形挙動

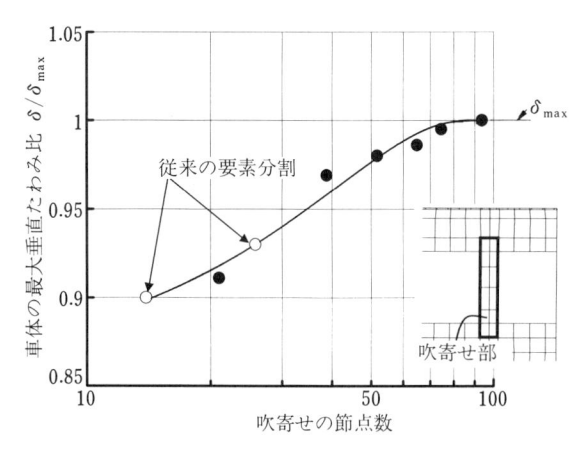

図3.25 車体のたわみに及ぼす吹寄せ部の要素分割の影響

ミ押出し形材の特徴を生かし，窓まわりの形材の面板を最適化し，母材化することで応力の低減と強度向上を図るとともに，車体剛性の向上につながる軽量構造設計とした．

c. 効　果

本車両を実現することにより，従来のシングルスキン構体ならびに構体依存型のぎ装構造車両に比較して，部品点数を約70％低減と，軽量化を約25％達成することができた[18]．

② 高速新幹線車両

a. 基本コンセプト [31)〜33)]

本設計では，1992年以降の高速新幹線車両を対象に，高速化に伴う課題として，環境への適合と快適性などに重点を置いて基本コンセプトを 図3.26 にまとめた．主なものを次に示す．

1. 高速化，快適性

高速化に伴う軌道への衝撃力低減のため軽量化が必要となる．軽量化については，要素機器単独ならびに車両編成の組合せを最適化し，動力源の電気品ほかの軽量化を図る．また，室内騒音低減のため構体をダブルスキン構造とし，制振材を設けることで高遮音・制振構造とし，快適性を確保する．

2. 環境適合性

沿線環境への配慮からトンネル周辺の微気圧波を低減するため，空力解析を駆使して車体の先頭形状の最適化や低騒音型パンタグラフを適用する．

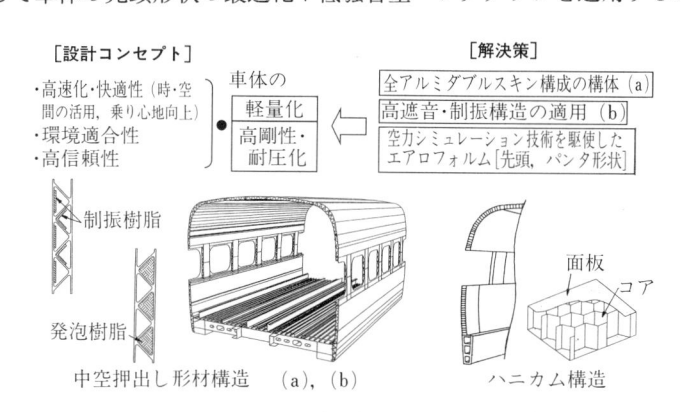

図3.26　高速新幹線車両の設計コンセプト

3. 高信頼性

高耐圧化に対応して面外曲げ剛性の高いハニカム構造，中空押出し形材を用いたダブルスキン構体とし，高剛性化を図るとともに構造材同士の接合をロボット化し，品質の安定した高信頼性の車体を供給する．

b. 軽量化設計手法

上記のコンセプトをもとに設計事例①項の場合と同様，主として次に述べる手法によりダブルスキン構造の軽量化を図った．

高速新幹線構体においては，所定の垂直曲げ剛性を確保するための構体構造と，高速化に伴う高耐圧構造に軽量化と強度の限界値を探求して設計を進める[31)〜33)]．まず，車体の全体構造については，軽量化設計の基本事項を念頭に，設計仕様で許容可能な範囲で，車内の出入口割付けや最大の吹寄せ幅を得る構造および構体断面内の四隅部材の断面積と剛性などを最適化し，高剛性化を図った．

次に，圧力荷重および車体支持点周辺の窓開口部などの強度設計については，図3.27に示す例のように，構体の輪切りFEM解析モデルにより評価を行

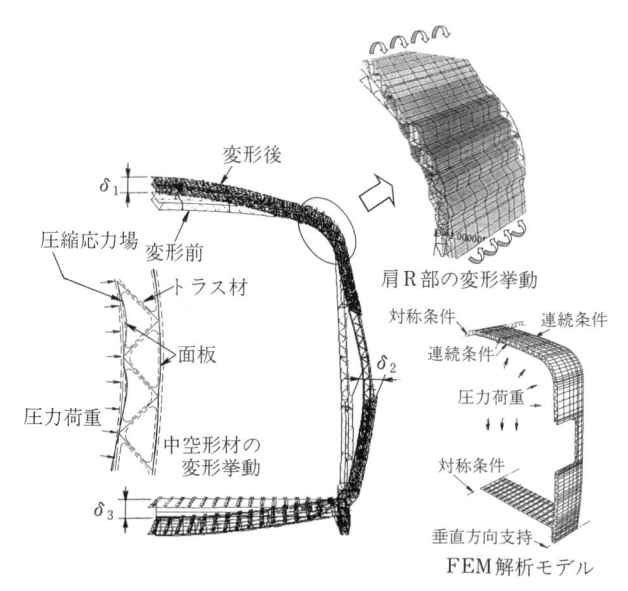

図3.27 圧力を受ける構体の応力と変形挙動

なう．圧力荷重を受ける中空押出し形材を用いた構体において，表裏2枚の面板の板厚はその変形挙動に示すとおり，主として板の座屈強度で決定されるため，各部ごとに薄肉限界値を求める．また，窓まわりの板厚は窓隅部の疲労強度と車体剛性の向上を図るため決められる．さらに，同図には車体断面内の肩R部の変形挙動を示しているが，形材の大きさ（高さ）により構体の内外面に大きな変形が生じるため最適な値とする．このようにして，構体全体として軽量，高剛性の構造を決定する．

c. 効　果

高速新幹線車両の実現により，初期の頃の車両に比較して，比耐圧度を最大で約3.7倍，軽量化を約29％達成することができた[31]．また，高速，軽量化にもかかわらず，低騒音車両を実現することができた．

3.2.4　信頼性評価

3.2.3項までに述べた設計法をもとに決定した車体構造の強度信頼性は，図3.19と図3.28に示す手順で，次に述べる方法により実車構造に近い状態で3段階の強度試験を行ない，確認される．

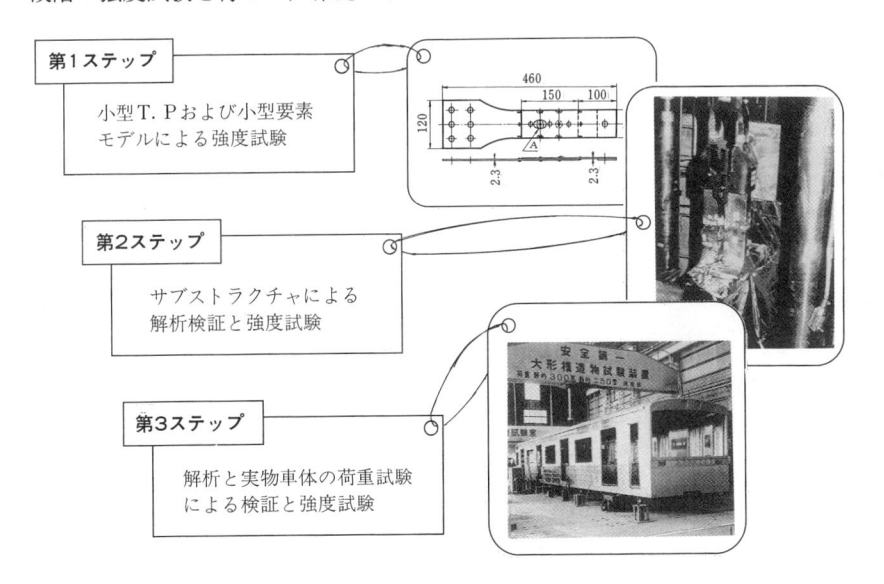

図3.28　構体の強度評価のステップ

(1) 要素モデル試験

① 第1ステップ

車体のうち強度的に重要となる構造部について,小型試験片または小型要素モデルによる強度試験を行ない,基本的な強度データを把む.図3.28はスポット溶接部の強度試験片の例を示しているが,そのほかに各種溶接継手[11),23),27)]などの強度データベースを蓄積する.

② 第2ステップ

上記①項の場合と同様,重要となる構造部を対象に,その実物大の部分要素モデルを製作し,実車とほぼ同じ応力状態になるように荷重条件を設定し,強度試験を行なう.図3.28は,窓隅部の構造要素モデルによる疲労試験の状況を示している.この試験により,窓隅部に発生する応力やスポット溶接部の強度を把握し,その安全性を明らかにする.なお,新構造を採用するに当たっては,このような強度試験を実施し,安全性を十分確認したうえで次のステップへ進む必要がある.

(2) 実車の静荷重試験

鉄道車両では,構体が完成した時点で基本的荷重である垂直荷重,車端圧縮荷重,ねじり荷重および圧力荷重を負荷して,車体剛性および各部の応力を測定して評価する(図3.28の第3ステップ).変形については,車体剛性を評価するため車体長手方向および主要な断面の変形を測定する.応力については,抵抗線ひずみゲージを用いて測定するのが一般的である.測定は一般部および強度的に厳しくなる局部構造部を選んで行なう.測定点数は,通常の場合300点前後であるが,試作車体のように新形の構造になると500点を超える場合もある.図3.28は,在来線構体の荷重試験の状況も示している.このようにして得られた測定結果をもとに,3.2.4(1)項までの検討内容と対比して信頼性を再評価する.

(3) 実車(試作構体)の疲労試験

鉄道車両において,車体の強度信頼性を確認するのに,通常図3.19に示した第1ステップまでの流れで評価している.しかし,大幅な軽量化,コスト低減を狙った新型の車体構造については,図3.19の第2ステップとして試作車体(数種類の構造を組み込んだもの)による疲労試験を行ない,より信頼性の

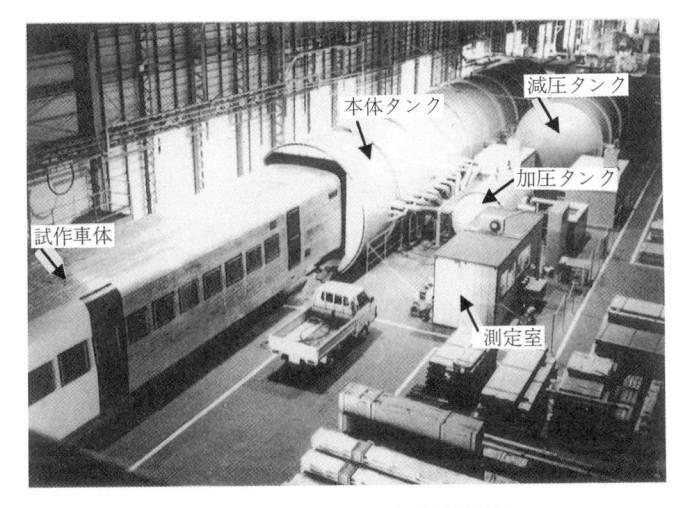

図 3.29 実車体の耐圧疲労試験装置

向上を図る場合もある[34].

一方,高速車両ではトンネル内走行時に受ける圧力変動荷重を想定した耐圧疲労試験を実施する場合もある.図 3.29 は,その試験装置の概観を示したもので,車体の外面に外圧と負圧を交互に負荷することにより,実車 1 両分の疲労試験を行なうことができる[29].これらの疲労試験により,車体の最弱部の評価,破壊モード,各部の強度的余裕度などを把握し,軽量限界構造へ近づけ,強度信頼性を一段と向上させることができるものと考えている.

3.2.5 おわりに

薄板構造物の代表例の一つである鉄道車両の車体を対象に,設計コンセプト,構体の軽量化設計手法の考え方などについて述べた.

今後,さらに車体の軽量化を図るためには,ダブルスキンパネル,ハイブリッド材料などの薄肉軽量化の限界技術と接合技術の開発ならびに合理的なぎ装構造とのシステム設計を進めていく必要がある.

設計全般からみれば,コスト低減,品質の安定化につながる製作の自動化・標準化などの生産設計および上記の内装,ぎ装の設計との関わりなどについても議論すべきであったが,その範囲まで触れることができなかった.

このように,本節で紹介した内容は軽量化設計の一部にすぎないが,他分野

へ応用していただければ幸いである．

3.3 航空機の軽量化設計

3.3.1 はじめに

航空・宇宙機器構造体の軽量化は永遠の課題であり，1903年のライト兄弟初飛行以来，わずか100年足らずであるが，設計，構造，材料・加工の各方面から様々な努力が払われてきた．空力性能（揚力）向上の面では，翼形状が平面から，流線形三次元形状に変わると同時に，フラッペロンやエルロンなどの動翼が装備，構造面では，木材，鋼管，ピアノ線などによる枠組み構造から胴体外板にも強度・剛性を分担させる応力外皮（セミモノコック）構造に変革してきている．

材料技術では，ジュラルミン，チタン合金，高張力鋼，超合金，複合材料などが実用化され，部品製造技術では，熱処理，塑性加工，機械加工，接合，表面処理などの技術改善・開発が進められてきた．軽くて強いのみでなく，設計が意図する形状を確保するために，加工性に優れる材料の開発およびその加工技術の開発も進められてきた．いわば，その時代時代の軽量化を目指した最先端技術が駆使されてきており，航空機・材料両産業分野が相互に切磋琢磨して共に発展してきたといえる．

ここでは，航空機機体構造用の金属材料およびその加工技術に絞って，軽量化に向けた航空機特有の技術について紹介したい．

3.3.2 構造材料の変遷

図3.30に，ライト兄弟の「フライヤー1号機」以来構造に使用されてきた材料の変遷を示す[35]．ライト兄弟の初飛行と時をまったく同じくして，ドイツのウィリアムがAl-Cu系合金の時効硬化現象を確認し，当時の鉄系材料より比強度が2～3倍もあることから，にわかに脚光を浴び，一気に1911年のジュラルミンの工業化，1930年頃の2024合金（アルコア社），1942年の7075合金（アルコア社）につながってくる．日本でも，五十嵐が1936年にESD (Extra Super Duralumin；7075合金と同一成分)を開発し，ゼロ式戦闘機に使用された．この間にマグネ合金，高張力鋼，チタン合金，ステンレス鋼，超合金などが開発されて，種々の部位の高性能化（軽量化）に寄与し，胴体や翼に加えて，

3.3 航空機の軽量化設計　111

図 3.30　構造材料の変遷[35]

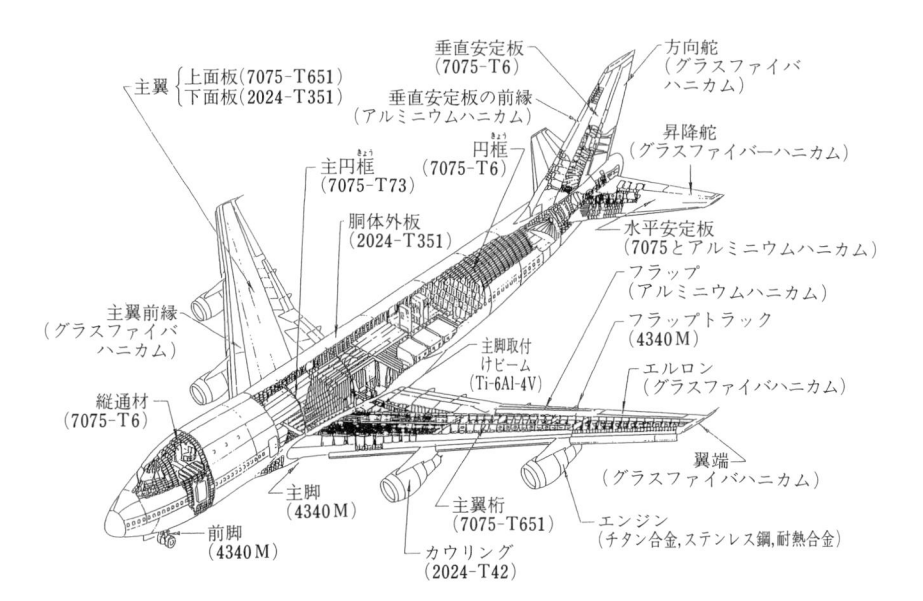

図 3.31　B747 の構造部位と材料構成

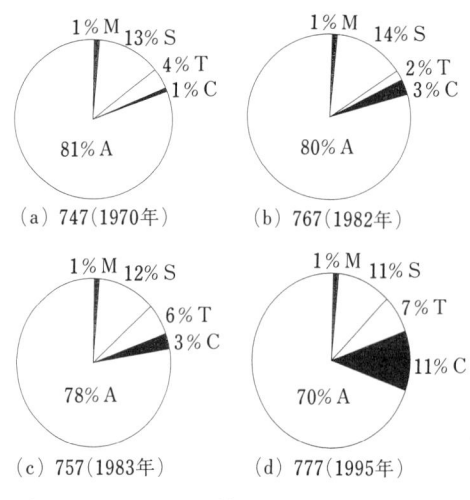

```
(a) 747(1970年)    1%M  13%S  4%T  1%C  81%A
(b) 767(1982年)    1%M  14%S  2%T  3%C  80%A
(c) 757(1983年)    1%M  12%S  6%T  3%C  78%A
(d) 777(1995年)    1%M  11%S  7%T  11%C  70%A
```

図3.32 ボーイング社の主要機における構造材料の構成比率[36]

降着装置やエンジンの高度化が行なわれている．

図3.31は，1960年代開発のB747に使用されている材料を示す．構造の80％がアルミニウム合金であるが，疲労強度評定の主翼下面や胴体外板には2024合金，圧縮応力あるいは静強度評定の主翼上面や縦通材（ストリンガ），円框（フレーム），キールビームには7075合金が適用されている．また，降着装置や結合ピンなど，狭隘部での高強度部材には高張力鋼が，エンジンまわりには温度の応じてチタン合金や超合金が使用されている．

図3.32は，ボーイング社の主要機種における構造の材料構成（変遷）を示す[36]．アルミニウム合金が複合材料に，また高張力鋼がチタン合金に徐々に置換される傾向にある．複合材料に関しては，コスト，性能安定性，修復性，廃棄性などの問題から予想ほどには伸びていない．今後，ともにアルミニウム合金が構造の主要材料であり続けることは間違いないと思われる．アルミニウム合金に関しては，戦後，新合金の誕生はみえないが，1980年代のB767より，これらの改良型派生合金が実用化され始め，B777で本格的な適用となった．

3.3.3 材料技術の開発動向

（1）アルミニウム合金

図3.33に，構造用アルミニウム合金の材料技術開発指針を整理して示す[37]．材料開発では，低密度合金，高強度・高靱性化・耐久性向上合金，高温・極低温耐用性向上合金，耐食性向上を狙いとするものが主体である．低密度化では，近年Al-Li合金の実用化研究がボーイング，エアバス，日本などで盛んに研究された．従来の高力アルミニウム合金並みの強度・靱性と約10％の低密度化を目標としたが，特に靱性に課題があり，大量使用には至っていない．

図3.33 構造用アルミニウム合金の材料技術開発の考え方[37]

Al-Li合金の最大の実用化例はGKN Westland Helicopter社が開発した軍用ヘリEH101（図3.34参照）にみられる[38),39)]．構造部材の90％に独自規格の8090改良合金を適用し，英国海軍向けに44機を製作したとの報告があり，注目に値する．また，エアバスがA300Xなどの将来機種に向け，2090/8090合金を改良した

図3.34 EH101ヘリコプタの構造組立て（90％がAl-Li合金）[38),39)]

8090 RSW 合金の開発研究を継続中である．日米では若干控えめで，B 777 における非強度部材（吸音パネル，8090-T 3 材）のみである．現在は，Li 含有量を低減することで靭性劣化を抑制し，2219 合金の代替を狙ったロケット用溶接タンク材への検討が主体である．いずれは主要な構造材料としており，実用化されると期待する．

高強度化・高靭性化・耐久性向上合金では，多用されている 2024/7075 の派生型合金の開発が主体である．図 3.35 に，派生型合金の概要を整理した[40]．1980 年代に開発された B 767 で実用化の口火が切られ，最新の大型民間機 B 777 で本格的に使用されている（図 3.36 参照）[36]．2024 合金の改良型である C 188 合金は Fe，Si などの不純物を低減して高靭性化を図り，き裂伝播特性を改善したものであるが，最近，本合金の晶出物と分散粒子のサイズと量の個別管理により性能改善できるとの見解（図 3.37 参照）が示され，現在 実用化研究がなされている[41),42)]．また，7075 合金の不純物（Fe，Si など）を低減し，かつ Cr を Zr に置換した 7150 合金に強化元素である Zn を増加した 7055 合金

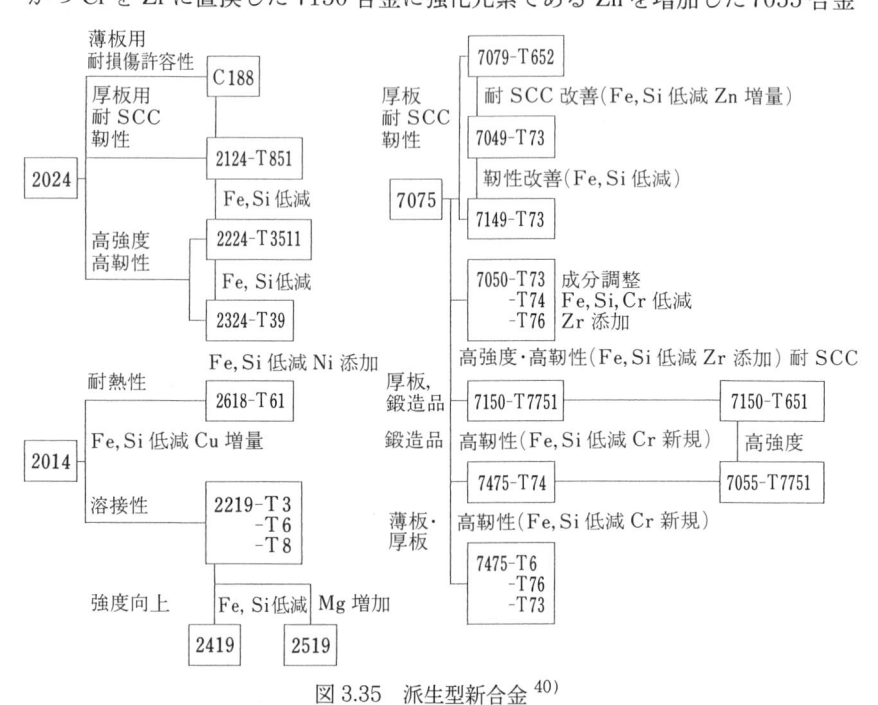

図 3.35　派生型新合金[40]

に対し，さらにRRA（Retrogressing Re-Aging）処理を行なった7055-T77合金が実用化されている．RRA処理は3段時効処理であり，2段目処理において1段目で生じた粒内析出物を再固溶すると同時に，粒界析出物を凝集粗大化させ，さらに3段目処理で再度，粒内微細析出物を生じさせることで，T6処理の最大強度とT73処理並みの耐応力腐食割れ感受性を付与できる．

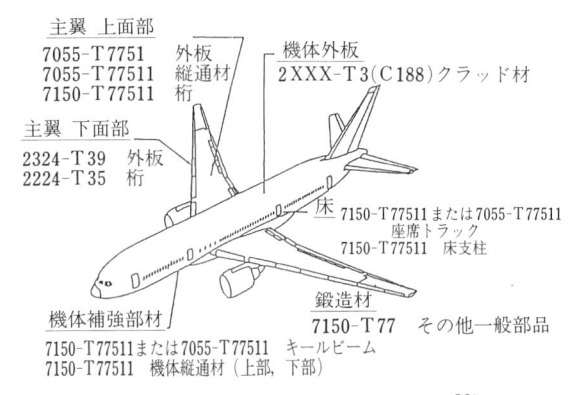

主翼 上面部
7055-T7751
7055-T77511
7150-T77511
外板
縦通材
桁

機体外板
2XXX-T3(C188)クラッド材

主翼 下面部
2324-T39 外板
2224-T35 桁

床 7150-T77511 または 7055-T77511
座席トラック
7150-T77511 床支柱

機体補強部材
7150-T77511 または 7055-T77511
7150-T77511 機体縦通材（上部，下部）
キールビーム

鍛造材
7150-T77 その他一般部品

図3.36 B777に適用された新合金[36]

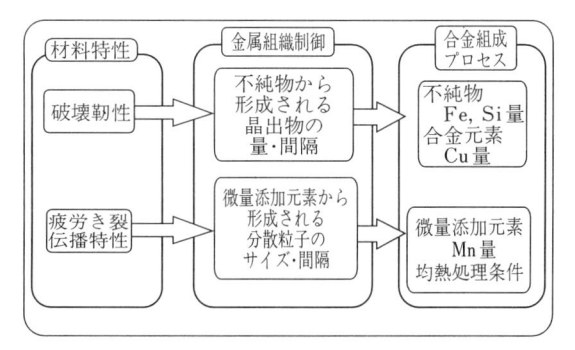

図3.37 き裂進展特性・破壊靭性改善の新概念[41),42]

一方，軽量化には部品製造技術も極めて重要な要素である．以下に，軽量化につながる航空機用構造部品特有の製造技術の事例を紹介する．

図3.38は，ロール成形で製造するテーパロールストリンガである[43]．長尺ものでは9mにも及ぶ．帯板をNCロール圧延して長手方向に板厚変化を持たせ，小応力部位の板厚を薄くするなどの工夫がなされている．まず，ロール間隙が制御された圧延機で各部位を所定の板厚とした後，多段のセクションローラでハット断面形状に成形し，さらにフレームと交差する部分の背切り成形を行なって，最後に機体の形状に合わせた曲面形状のコンター成形を行なう．途中，成形性付与のために溶体化処理を行なうが，その前の強加工の影響で結晶粒の粗大化が生じて応力腐食割れ感受性を劣化させる恐れがあることから，溶体化処理前に予備加熱による結晶粒のアスペクト比を調整する．

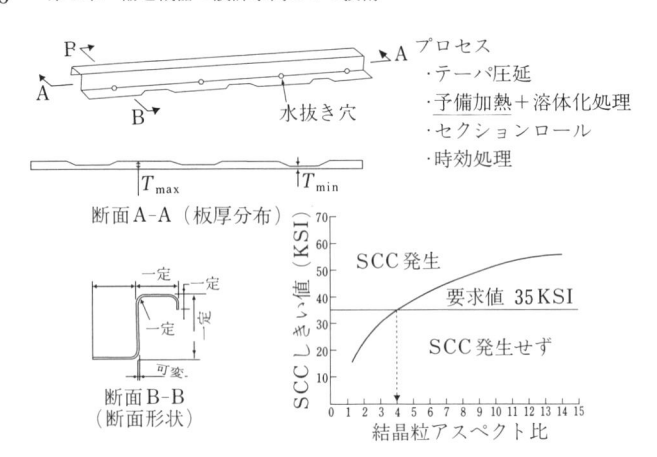

図3.38 大型民間機用ストリンガ[43]

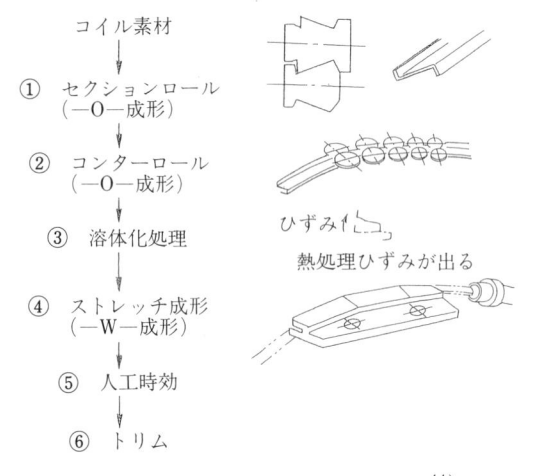

図3.39 板金フレームの加工工程[44]

図3.39は，板金フレームの代表的な加工工程を示す[44]．ストリンガと同様に，帯板をセクションローラにてZ断面形状とし，コンターローラ成形機にて曲率2～3mRの曲げ加工を行ない，溶体化処理後，熱処理ひずみの矯正を含めて精度確保のための引張成形，さらに時効処理を実施する．引張成形における型費，労務費が多大であることから，今後見直しも必要とされている．

翼外板の成形方法としてピーン成形が多用されている．板材の片表面に鋼球を衝突させ，表面を引延ばすことによって圧縮の残留応力が生まれ，曲率をもった形状に成形することができる．図3.40に，主翼形状例とピーン成形された主翼上面外板の外観を示す[45]．翼は長手方向の大きな曲率に加え，幅方向の小曲率および長手方向の途中で折れ曲がるキンク部をもっていることが多い

3.3 航空機の軽量化設計

が，板厚が一定でない機械加工した状態でも本方法による成形が可能である．

また複雑形状の成形を可能にするのみでなく，型なし低コスト成形，熱処理状態での成形，材料の全体性を残したままの成形，圧縮残留応力付与による疲労や応力腐食割れ性向上などのメリットがある．最近は，成形手順を数値解析で設定する例も多い．

図3.41は，超塑性成形を行なったB777用点検ドアのインナスキンである[46]．10μm以下の微細結晶粒をもつ7475合金を約450℃，10^{-2}〜10^{-3}/秒のひずみ速度で成形することで最大ひずみ量70％の形状を得ている．複雑な形状，鋭利な角Rとすることで剛性を与え，補強材を省略している．従来は5個の子部品を組み立てて製造していたものを一体化した事例であり，20％の

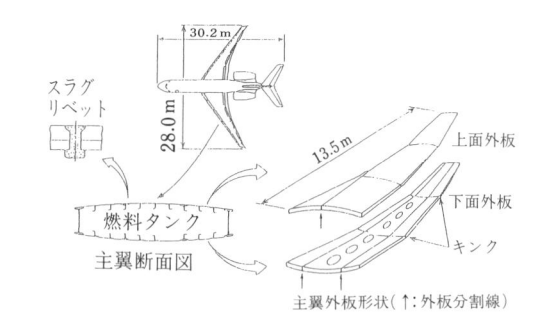

図3.40 主翼形状例とピーン成形された翼外板の外観[45]

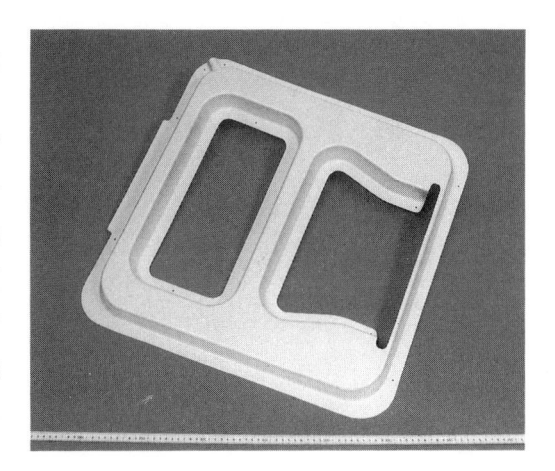

図3.41 超塑性成形部品事例（点検ドア用スキン，7475合金）[46]

重量軽減と30％のコストダウンを達成している.

(2) チタン合金

チタン合金は，金属中で最も比強度が高く，耐食性・耐熱性に優れることから，比剛性はやや劣るものの航空機軽量構造用として最適材料といえるが，加工性，材料費が大きな課題である．チタン合金における技術開発は，高強度化・高靭性化・耐熱化・塑性加工性向上などに向けた材料開発および塑性加工技術が主体である．民間機での使用量は，B 777 で構造部材の 7 ％ 程度であり，それでも増加傾向にある．図 3.42 は，ボーイング社開発大型民間機のチタン合金使用量推移を示す[47]．なお，軍用機においては開発目的によってかなり異なり，最新の米国戦闘機 F-22 では 33 ％ [48]である．

実用されているチタン合金のほとんどが Ti-6Al-4V 合金（焼鈍し）が主体であったのに対し，最近は，熱処理性・塑性加工性に優れ，高強度化を可能にするニアベータタイプ合金を適用する事例がみられる．中でも，従来 Fe が偏析しやすく，靭性の安定性に欠けるため大物への適用が困難とされていた Ti-10V-2Fe-3Al が，造塊，鍛造，熱処理などの進歩により B 777 や F-2 で実用化を果たしている[41),49)]．また，TI-6AL-4V とほぼ同等の特性をもち，成形温度を下げうるなどの塑性加工性を改善した SP700 合金が NKK によって開発され，衛星用タンク材，ヘリ部品などに実用化されている．図 3.43 に超塑

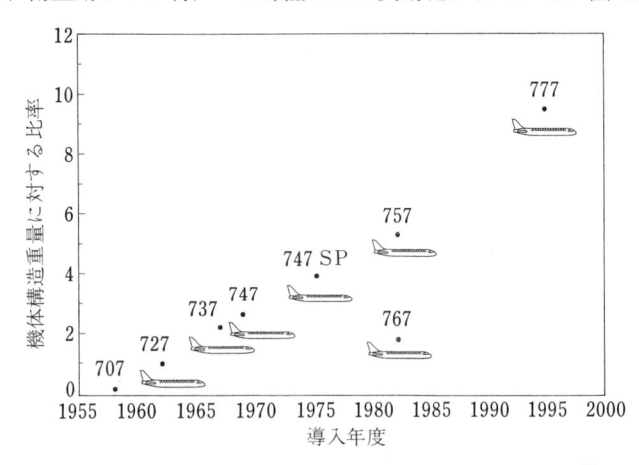

図 3.42 ボーイング主要機体のチタン合金適用量の推移 [47]

性特性を示す[50].

航空機構造用チタン合金の軽量化を狙いとした代表的塑性加工技術としては一体化加工法がある. 幾つかの部品を一体で製造して, 軽量化・低コスト化を狙う考え方であり, その概念を図 3.44 に示す. チタン合金のニアネットシェイプ化および複雑形状の一体化加工は, ① 超塑性成形, ② 拡散接合, ③ 電子ビーム溶接などの単独または複合加工により達成されている. 図 3.45 は, Ti-6Al-4V 合金の超塑性特性を示す[51]. 温度, ひずみ速度を管理することで, 400% 程度の伸び量を付与することができる. 図 3.46 は, 超塑性成形と電子ビーム溶接で複合加工した衛星用燃料タンクである[52]. 曲率が一定の半球部分では使用中の応力が一定となるために, 板厚が一定になるように, また, コーン形状部位では圧力に合せたテーパ板厚となるように工夫されている. 図 3.47 は, 拡散接合で製造した中空部品を電子ビームで接合した実用化事例である[53]. 中空部分では面削リ (中繰り) を行なった板材を拡散接合することで製作されている.

また, SPF 工法, DB 工法は, チタン合金の超塑性成形と拡散接合の現象は

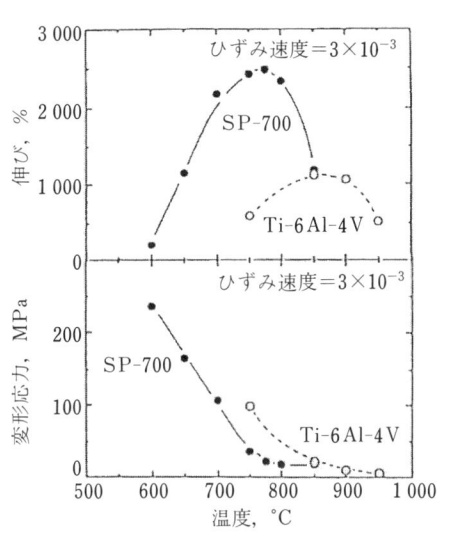

図 3.43 SP700 (Ti-4.5Al-3V-2Fe-2Mo) 合金の塑性加工特性[50]

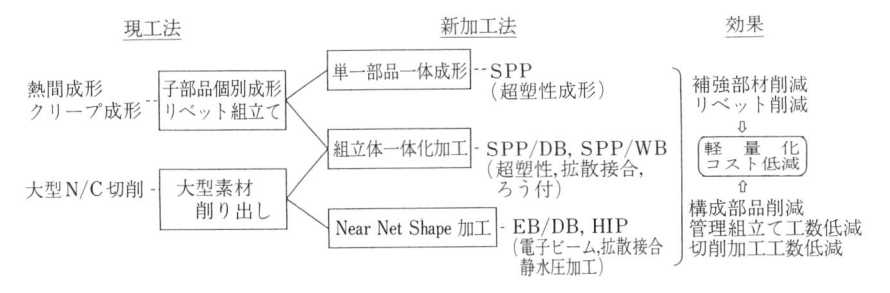

図 3.44 一体化加工の概念

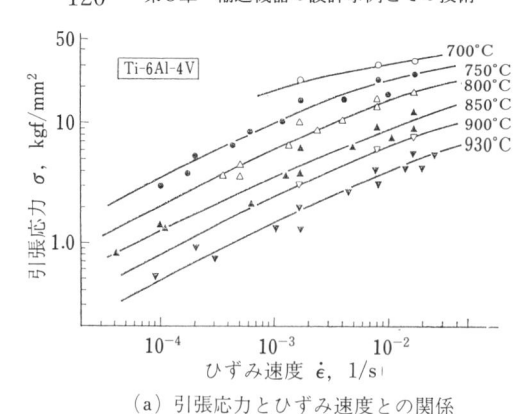

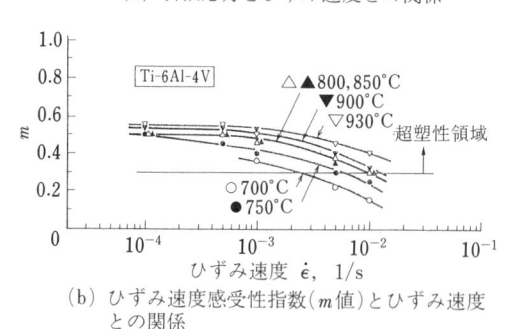

(a) 引張応力とひずみ速度との関係

(b) ひずみ速度感受性指数(m値)とひずみ速度との関係

図 3.45 各種熱加工における Ti-6Al-4V 合金の超塑性特性[51]

同一温度で生じることを利用してこれらの作業を同時に行なう考え方であり,図3.48にその概念を示す[54].幾つかの方法があるが,いずれも複数枚の板材から補強部材付きの中空パネルを製造するものであり,米国戦闘機 B-1B, F-15E に実用化されている.図3.49は,超塑性成形と拡散接合で製造した中空ファンブレード試作品を示す.4枚の板材のうち,中2枚がコアシートであり,成形後補強部材としての波板となる.

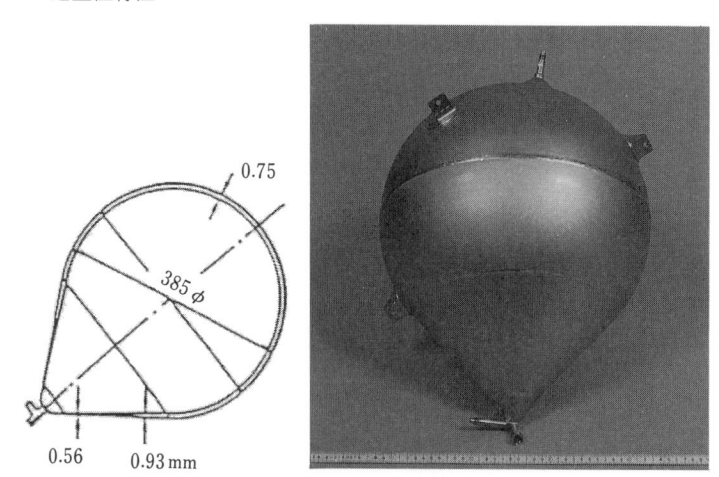

図 3.46 超塑性成形で製作したチタン合金製気蓄器(衛星用燃料タンク)[52]

(a) 中刳りのための機械加工　(b) 拡散接合で製造した中空部品（この後，円筒状の両袖を電子ビームで溶接してカナードとする）

拡散接合

図 3.47　T-2 カナード用金具[53]

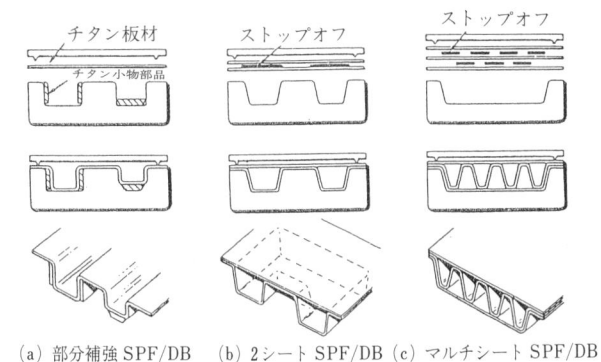

(a) 部分補強 SPF/DB　(b) 2 シート SPF/DB　(c) マルチシート SPF/DB

図 3.48　SPF 工法，DB 工法の概念[54]

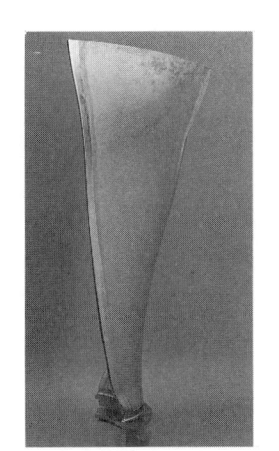

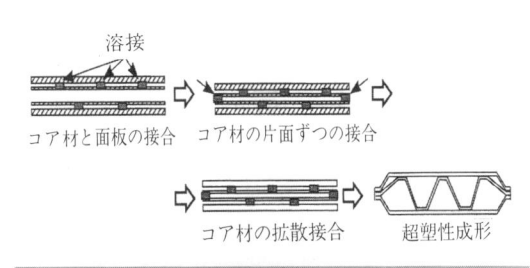

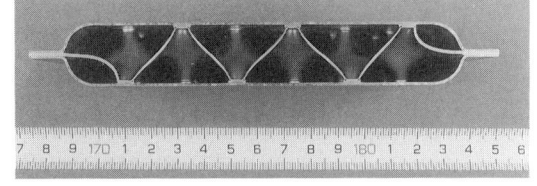

コア材と面板の接合　コア材の片面ずつの接合
コア材の拡散接合　超塑性成形
溶接

図 3.49　超塑性成形・拡散接合の複合加工で試作した中空形状のファンブレード

(3) Ti - Al 金属間化合物

Ti-Al 金属間化合物は，チタン合金よりも低密度で，超合金並みの耐熱性をもっており，耐熱軽量構造材料として極めて有望視される．最大の課題は室温延性改善および塑性加工性向上であるが，Nb や Cr, W などを含有させた三元・四元系材料に対し，超塑性成形技術や組織制御技術を駆使して達成されつつある．図 3.50 は，Ti-46 Al-2 W，Ti-46 Al-3 Cr を超塑性成形した結果である[55)~58)]．塑性変形量として約 400 % の伸び値を示し，半球形状，コルゲート形状への形状付与が可能な状態まできている．

(1) 1 173 K- 18 ks　　　　　　　(2) 1173 K- 21.6 ks

(a) 1 173 K および 1 523 K で再結晶熱処理した Ti-46 Al-3 Cr 板材で超塑性成形した半球モデルの外観

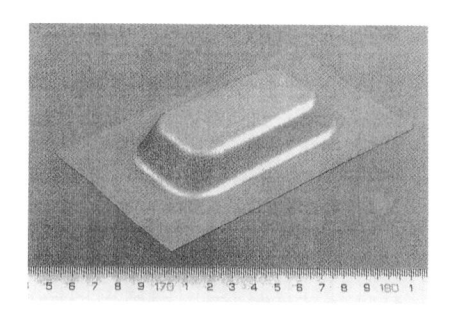

(b) Ti-46 Al-2 W 恒温圧延材で超塑性成形したボック状モデルの外観（$T = 1 373$ K, $\dot{\varepsilon} = 2.0 \times 10^4 / s$）

図 3.50　Ti-Al 金属間化合物の成形[55)~58)]

3.3.4 おわりに

開発が進められているその他の有望な金属材料として，① 金属基複合材料，② ナノ結晶材料が挙げられる．金属基複合材料では耐熱性の面からチタン基系が有望である．材料創製の複合化技術はほぼ見通しが立っており，超塑性成形や拡散接合などの加工技術を活用することで，今後の高速航空機の構造軽量化に有効な構造材料となる可能性が高い．またナノ結晶材料は，結晶粒度を100ナノクラスに組織制御することで材料の機能特性を含む諸特性を向上させる可能性をもつとして，平成9年度より通産省 (現 経産省) 主導の国家プロジェクトとして開発研究がなされている．現在，まだ本格的実用化には至っていないAl-Li合金や塑性加工性/耐食性が極めて悪いとされるマグネ合金の特性改善にも有効と期待される．

戦後の航空機技術の空白期間を境にして，日本で開発された材料が実用化された事例はないが，最近，2XXX系高力アルミニウム合金 (神鋼)，SP700チタン合金 (NKK)，改良型 Ti-10V-2Fe-3Al (神鋼，住金，三マテ，MHI) などの材料が実機に適用の日の目をみつつある．極めて喜ばしいことであり，さらなる日本の材料技術の進歩を期待したい．

3.4 車いすの軽量化設計

3.4.1 はじめに

わが国は，2025年には4人に一人が65歳以上となる超高齢化社会を迎えようとしている．この急速な高齢化社会の到来を目前にし，石川県は，今後有望とされる医療・福祉機器産業を県内に創造育成することを県政10カ年戦略の一画に掲げている．

医療福祉機器には，介護やリハビリなどのホームケア製品から医療機関における診断や治療の機器に至るまで極めて広範囲の機器が含まれるが，筆者らは介護・介助機器の中でも電動車いすに的を絞り，平成10年度，11年度の2カ年にわたり，軽量化を前提としてプロトタイピングを行ない，その成果を石川県内企業へ移転することを試みたので本節で紹介する．

3.4.2 電動車いすの形式分類

電動車いすの形式は，主として外観と用途によって図3.51のように分類さ

れる[59]．図 3.52 は比較的ポピュラーな自操用標準型，図 3.53 は同じく自操用ハンドル型を示す．これらとは別に，最近急速に普及しつつあるタイプに簡易型がある．これは図 3.54 に示すように，減速機とモータを組み込んだ車輪，コントローラ，蓄電池などを手動車いすに取り付けることにより電動化を図るものである．コントローラを障害者自ら操作するか，車いすの背後に立つ介助者が操作するかによって，自操用と介助用とに分類される．筆者らが軽量化開発を試みたのは，この内の自操用簡易型である．

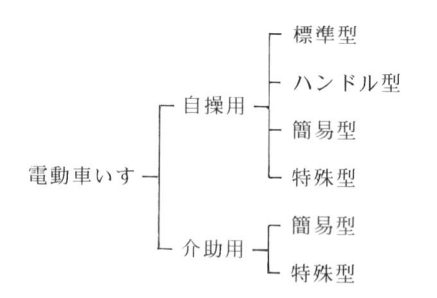

図 3.51　電動車いすの形式分類（JIS T 9203）

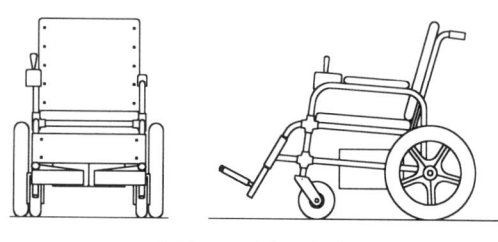

図 3.52　自操用標準型

図 3.53　自操用ハンドル型

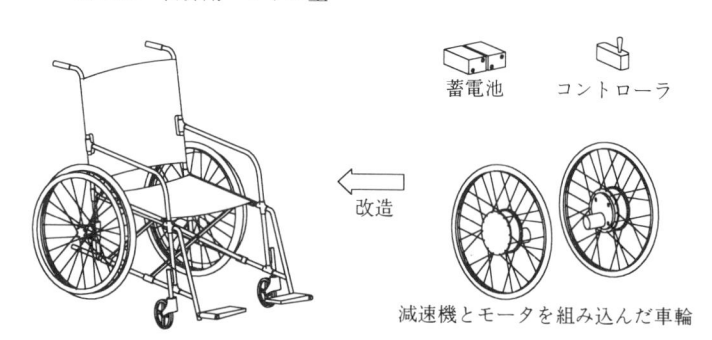

図 3.54　手動式車いすから簡易型電動車いすへの改造

3.4.3 車いすの形状と性能に関する規格

最近では，公共施設をはじめとして，来客の便宜のために各種電動車いすが準備されている．また，高齢者や障害者が，電動車いすで公道を走る風景にも遭遇する機会も多くなっており，確実に福祉社会が到来しつつあるのを感じる．

これら電動車いすには，各種のサイズや機種があるように思われがちであるが，表3.1に示すように，道路交通法施行規則に「原動機を用いる歩行補助具等の基準」として外形寸法などが規定されており，設計における大きな拘束条件となっている[60]．

この規則は JIS T 9203 や ISO 7193 とも整合しているが，欧州各国では，牽引型電動車いすなど，明らかにこの規格から外れると思われる車いすの製品化が見受けられる[61), 62)]．わが国でも，利用者の身体の状態により，この基準に該当する車いすを用いることが困難であれば，管轄警察署長の確認を受けることにより規格外寸法の電動車いすの利用も可能としている．

その他，JISには，車いすの速度，登坂性能，制動性能，回転性能などの性能試験，強度・耐久性試験，耐水性試験などの実用試験法が規定されている．車いすに限らず，人間が利用する交通機器には，遵守すべき寸法規格や速度基準など，安全確保のための制約が多く存在し，設計はこれらをクリアすることを念頭にして進める必要がある．

表 3.1 車いすの基準 [60)]

長さ	1 200 mm 以下
幅	700 mm 以下*
高さ	1 090 mm 以下
原動機を用いる場合	電動機とする
速度	6 km/h 以下**
外観	自動車または原付自転車との区別が識別可能であること

* 室内用としては 650 mm 以下を推奨 (JIS)
** ISO では 15 km/h 以下を想定

3.4.4 用途を絞り込んだ設計が必要

車いすに限らず，福祉機器には，それを利用する障害者のハンディの度合に

応じて千差万別の仕様が要求される．今回筆者らが開発目標とした電動車いすの仕様と対象ユーザを表3.2に示す．

最近は，歩行困難な障害者であっても，車いすによってマラソン，テニス，バスケットボール，スキーに参加するなど，障害者のスポーツ活動も盛んになっている．一般生活においても，社会活動に対する意欲の強い人たちは，自動車を利用し，健常者と変わらない社会生活を送ろうとする．

これら高齢者や障害者の活発な社会活動要求の高まりにつれ，電動車いすに対する軽量化と小型化に対するニーズも強くなっている．

しかし，現在市販されている手動車いすの重量は15～30 kgであるが，電動車いすの重量は，これに蓄電池，コントローラ，モータ，減速機が加わるため35～80 kgの重量となっており，搬送が不便であることから遠隔地での活動を望む電動車いすユーザーの妨げになっている．

筆者らは，これら障害者の活動範囲の拡大要求に応えるため，狭い日本家屋の中での活用と，乗用車への搭載も考慮し，折りたたみ可能な小型で軽量の電動車いすの開発を試みた．

表3.2 電動車いすの利用者と仕様

対象ユーザー		脊髄損傷などによる下肢麻痺から不全四肢までの障害者および高齢者など
車いすの仕様	重量	介護者が，簡単に乗用車などへ積み込める重量とする
	形式	格納スペースや乗用車のなどへの積載スペースを低減するため，折りたたみ可能とする

3.4.5 軽量化のためのプロトタイピング
(1) 分解組立て式の試作（一次試作）

重量の大きい電動車いすを搬送可能にする方法として，前記の各装備部品を着脱可能にする方法が考えられる．電動車いすの装備品を分解して運搬し，目的地へ到着後に装備品を組み付けて電動車いすとして完成させる方法である．図3.55は，この概念に基づいて試作した電動車いすであり，左右のハブに組み込む減速機付きモータは，車いすの外側からワンタッチで着脱可能にしたも

のである.

しかし，この方法によると，分解状態の減速機付きモータから歯車が部分的に露出したり，潤滑液が漏れたりするなどの不具合の発生が避けられない．さらに，各分解ユニットを筐体で覆う必要があり，ハブの大型化は避けられず，かえって総重量が増大してしまう．蓄電池の配置や装着方法にも，頻繁な着脱を前提として種々の制約が発生してしまう．何よりも，利用者に分解・組立てという余分の作業を強いてしまうことになり，当初の効果は期待できないことがわかり改良の継続を断念した.

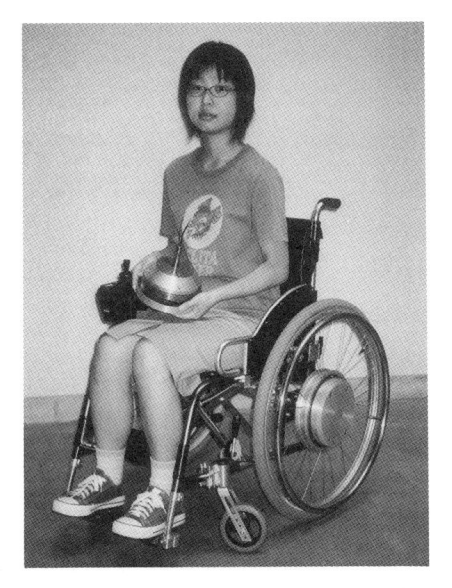

図 3.55 一次試作した分解組立て式電動車いす

(2) 一体式としての軽量化の試み（二次試作）

二次試作として，フレーム，モータ，減速機，コントローラなどを，各要素ごとに軽量化する試作を試みた[63]．この試作に採用した部品類の製品名は表3.3 に記す．今回採用した各部品は，以下の特徴を持つ．

① 本 体

最近では，軽さと強度を両立させる金属材料として，チタン合金を採用する車いすは珍しくない．特に車いすの場合は，耐食性・耐摩耗性に加え，抗アレルギー性も必要とされる．このことから，車いす本体にはチタンパイプ製スペースフレーム構造の手動車いすを採用した．従来の折りたたみ式車いすでは布製シートの採用が一般的であったが，本機のシートには，乗り心地に優れ運転者の疲労が少ないといわれる硬質板座を採用している．本機の車輪にはアルミハニカム製のディスクホイールを採用しているが，試作機の車輪も，モータと減速機を内臓したハブを組み込んで同じくディスクホイールとした．

図 3.56 は，本体フレームを採用するに当たって，あらかじめ三次元 CAD に

表3.3 採用した部品類

機器名	製品名
本体	(株)シグ・ワークショップ製「カーナ」：車輪固定部などを部分的に改造
モータ	(株)安川電機製「プリントモータネオジュニア09 A 12」，80 W，エンコーダなし
減速機	(株)ハーモニックドライブシステムズ製「ハーモニック減速機 FB 25802 G」
コントローラ	英国 Penny +Giles Drive Tech Ltd 製「Pilot 25 i」
蓄電池	米国 サイクロン社製「シール型鉛蓄電池」：D セル 12 V 2.5 V × 2

よって形状をモデリングした結果を示す．図3.57は，同モデルを用いて座面を強度解析した結果である．シートへの総荷重は75 kg, 荷重の分布形状はJIS T 9203に定める75 kgダミー大腿部形状とした．図3.58は，同モデルを用いて，折りたたんだ場合の干渉チェックなどを行なった結果である．

② モータ

モータには扁平型直流ブラシモータを採用した．これは，界磁に希土類系磁石を使用し，巻き線アマチュアをガラスエポキシ基盤に印刷したものある．このため，小型で扁平であるが大きなトルクを発生できる．

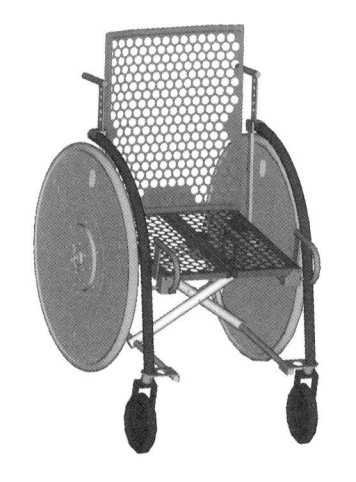

図3.56 車いす本体のモデリング　　図3.57 座面の構造解析

モータブラシの寿命を4 000 h とすれば，毎日
10 km 走行した場合でも5年の寿命が確保され
ることになり，補装具としての耐用年数を十分
に満たすことになる．図3.59はモータを示す．

③ 減 速 機

減速機には，単位伝達馬力当たりの重量比で
は最も軽量でコンパクトとされるハーモニック
減速機を採用した．ハーモニック減速機は，波
動歯車装置とも呼ばれ，金属の弾性変形を利用
した減速装置である．一般に，ウエーブジェネ
レータ，フレックスプライン，サーキュラスプラ
インの3体の要素で構成され，図3.60のように
組み合わされる．図3.61
は，ホイールハブに組み込
んだ扁平モータとハーモニ
ック減速機の配置を示す．

　今回は，動作確認を行な
うため，各部品は製品のま
ま組み込んであり，まだ小
型化の余地は残っている．
それでも，ハブの厚さを
61 mm，外径を168 mm
に納めることができ，市販
品よりも小型化が可能とな
った．

④ コントローラ

　一般的に，電動車いすの
速度制御は，モータの回転
速度をエンコーダなどのフ
ィードバック要素で検出す

図3.58　折りたたみ形状確認と干渉チェック

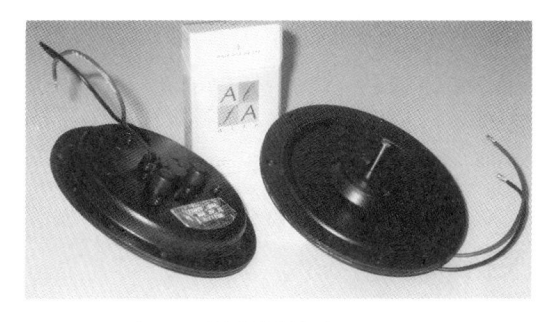

図3.59　偏平型直流ブラシモータ

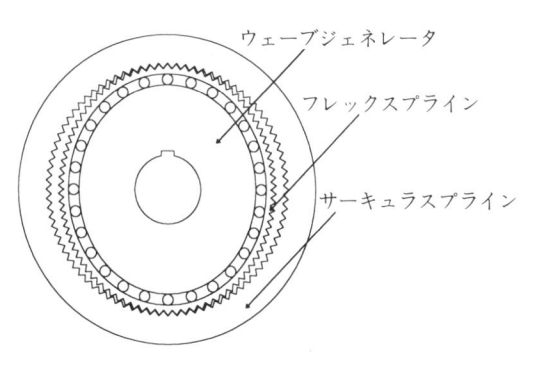

図3.60　ハーモニック減速機の構成

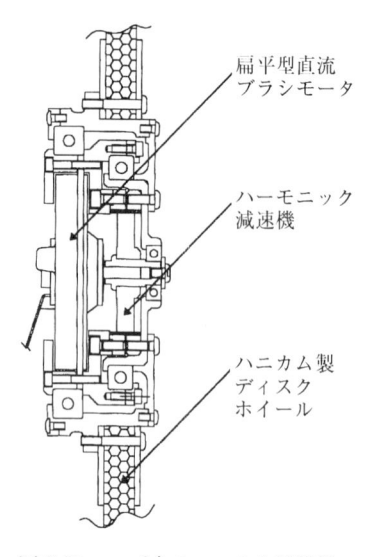

図3.61 ハブ内のモータと減速機の配置

(図中ラベル: 扁平型直流ブラシモータ／ハーモニック減速機／ハニカム製ディスクホイール)

るクローズドループ制御である．今回採用した速度制御と操舵用のコントローラは，オープンループ制御でありモータの速度検出は行なわない．左右のモータのわずかな負荷特性の違いは，運転に先だってあらかじめパラメータ入力で補正しておくことにより，ジョイステックの指示どおりに速度制御と方向制御を可能にするものである．モータ速度は電流値のPWM制御によって行なわれる．エンコーダやレゾルバなどのフィードバック要素を必要としないため，車いすボデー内部への突起物もなくなり，折りたたみ式電動車いすを製作する際の設計自由度を大きくすることが可能となった．図3.62はコントローラを示す．

図3.63は，これらの工夫により大幅に重量軽減できた電動車いすを示すもので，図3.64，図3.65のように折りたたみ搬送も可能となった．

3.4.6 性能試験

利用者に，質の高いより安全な電動車いすを提供することを保証する一つの方策として，JIS T 9203では各種の機能試験項目を定めている．今回の試作電動車いすも，JISに定める試験方法によって試験した．図3.66は登坂試験風景，表3.4は各試験で確認した性能を示す．

3.4.7 結　果

二次試作した電動車いすの性能を表3.4に示す．総重量（目標25 kg）と走行距離（目標5 km）では目標を達成できなかったが，重量的にはハブ内部の減速機とモータの配置方法などの検討により，さらに軽量化が可能と思われる．また，走行距離は，蓄電池容量の見直しによって向上するものと考えられる．走行性能は体重75 kgの大人が乗車して計測したものであり，最高速度，登坂角度はJIS T 9203に従って行なった．

3.4 車いすの軽量化設計　131

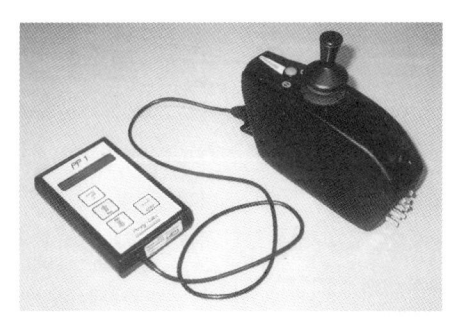

図 3.62　コントローラ

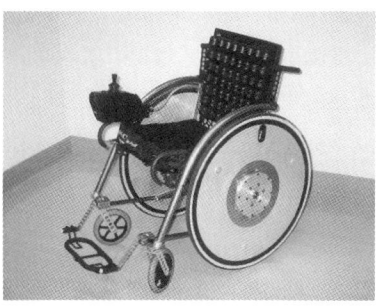

図 3.63　二次試作した電動車いす

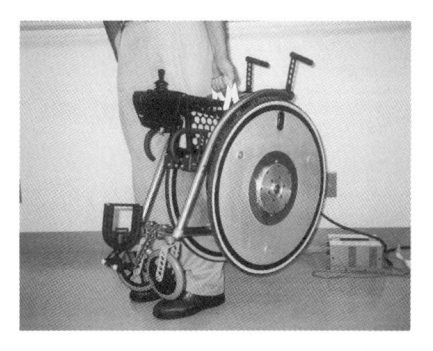

図 3.64　搬送も可能になった電動車いす

図 3.65　乗用車への積載性能の確認

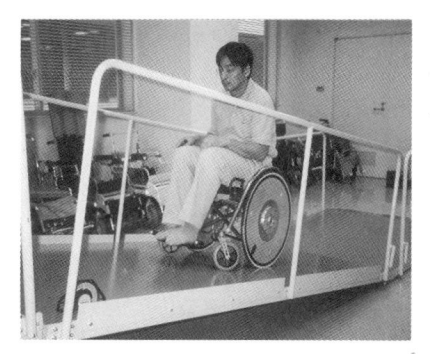

図 3.66　登坂試験風景

表 3.4　二次試作した電動車いすの性能

項目	実測車
外形寸法，mm	W 546 × H 760 × L 830
折りたたみ幅，mm	250
総重量，kg	25.6
蓄電池なし，kg	23.6
連続走行距離，km	3.9
最高速度，km / h	6.3
登坂角度	10°
段差乗越し高さ，mm	23.0

3.4.8 おわりに

電動車いすの軽量化の試みを紹介した．扁平で小型ながらも大きいトルクを発生するプリントモータ，同じく小型で大きい減速比を達成できるハーモニック減速機という特徴的部品を採用することで，ディスク型車輪にもマッチする軽量で薄型の駆動ユニットを試作することができた．これらのユニットと，エンコーダ信号不要のコントローラを採用して折りたたみ可能の簡易型電動車いすを試作し，性能評価を行なった結果，以下の結論を得た．

（1）プリントモータとハーモニック減速機の利用による薄型駆動ユニットを提案できた．

（2）幅広い機種の手動車いすに取り付けることにより容易に電動化できる可能性がある．

（3）薄型であることから，車いす本体の折りたたみ機能を損なうことなく，自家用車への格納と運搬も可能であることを確認した．

限られた期間内の事業として取り組んだこともあり，試作段階の紹介に終わったが，今後は本結果を踏まえて商品設計へ進みたい．また，今後は上肢や手指に重度の障害をもつ人にとっても操作しやすい操舵システム，体幹保持能力の低い人に対する保持機構などの研究開発も継続的に進める予定である．

参 考 文 献

1) 新素材はクルマを変える，工業調査会 (1991) p. 13.
2) 山部　晶 ほか：自動車技術，**45**, 1 (1991) p. 7.
3) 物づくりの基礎，オーム社 (1996) p. 81.
4) 尾田十八：「軽量化最前線」，第180回塑性加工シンポジウム (1998) p. 1.
5) 小川　止 ほか：成形加工，**70**, 3 (1995) p. 163.
6) 山部　晶 ほか：プラスチック，**43**, 3 (1992) p. 77.
7) 山部　晶 ほか：日産技法 (1987) S. 23.
8) 日本アルミニウム連盟編，アルミニウム合金と車両の軽量化，産業研究所 (1990).
9) 寺本富彦：軽金属溶接，**36**, 1 (1998) p. 33.
10) 平松幹雄：電気車の科学，**46**, 1 (1993) p. 16.
11) 服部守成：電気車の科学，**46**, 7 (1993) p. 26.
12) 阿久津勝則：JREA, **33**, 7 (1990) p. 48.
13) International Railway Jr., 7 (1995) p. 20.
14) 藤田正美 ほか2名：日立評論，**64**, 12 (1982) p. 45.

15) 石丸靖男 ほか1名：溶接技術, 11 (1997) p. 115.
16) HIGH SPEED, Railway Gazette, **151** (1995) p. 47.
17) 内田博行 ほか1名：鉄道ジャーナル, **407** (2000) p. 38.
18) 戸取征二郎：鉄道ジャーナル, **407** (2000) p. 46.
19) 長谷川晋一：車両技術, 215 (1998) p. 27.
20) 原 義雄 ほか3名：日立評論, **79**, 2 (1997) p. 53.
21) 戸取征二郎 ほか1名：車両技術, 219 (2000) p. 137.
22) 奥野澄生 ほか5名：日本機械学会論文集（A編）, **60**, 578 (1994) p. 2426.
23) M. Takeichi et al. : Proceedings of SAMPE symposium, 1 (1993) p. 155.
24) 川崎 健 ほか6名：日本機械学会論文集（A編）, **65**, 636 (1999) p. 1832.
25) 田中 稔 ほか2名：車両技術, 144 (1979) p. 96.
26) 奥野澄生 ほか5名：日本機械学会論文集（A編）, **59**, 562 (1993) p. 131.
27) 竹内勝治：アルミニウム合金の疲労強度, 軽金属溶接構造協会 (1990).
28) 奥野澄生 ほか3名：日本機械学会論文集（A編）, **52**, 477 (1986) p. 1403.
29) M. Okazaki et al. : Proceedings of STECH (1993) p. 469.
30) 石丸靖男：第180回塑性加工シンポジウムテキスト (1998) p. 25.
31) 伊藤順一：鉄道車両と技術, 2 (1999) p. 2.
32) 阿彦雄一 ほか1名：鉄道車両と技術, 1 (1998) p. 22.
33) 八野英美：R&M, 2 (1996) p. 12.
34) 大村慶次 ほか4名：日本機械学会論文集（A編）, **58**, 545 (1992) p. 20.
35) 坂本 昭：日本機械学会関西・東海支部合同企画, 第22回座談会資料 (1998).
36) M. Hyatt : "Science & Engineering of Light Metal", RASLEM 91 (1991, 10).
37) 今村次男：素形材, **37** (1996).
38) A. F. Smith : "24th EUROPEAN ROTORCRAFT FORUM", Marseilles, France, 15-17 Sept. (1998).
39) A. F. Smith : "The Use of Aluminum-Lithium Alloy in Helicopter Airframe Construction", OXFORD KOBE SEMINAR, AEROSPACE MATERIALS, 22-25 (1998).
40) 平 博仁：「航空機用アルミニウム合金の現状と課題」, 第1回強度評価セミナ, 軽金属学会 (1992).
41) T. Imamura : "Advanced Material and Process Technology for Aerospace Structure", OXFORD KOBE SEMINAR, AEROSPACE MATERIALS, 22-25 (1998).
42) T. Eto and M. Nakai : "New Aspect of development of high strength alloys for aerospace application, OXFORD KOBE SEMINAR", AEROSPACE MATERIALS, 22-25 (1998).
43) 広田・伊原木：三菱重工技報, **33**, 3 (1996-3).
44) 荒川治彦：塑性と加工, **37**, 429 (1996-10) p. 1005.
45) 佐々木・高橋：塑性と加工, **39**, 450 (1998-7) p. 702
46) T. Tsuzuku, A. Akio and A. Sakamoto : Superplasticity in Advanced Materials,

Ed. by S. Hori, M. Tokizane and N. Furushiro, The Japan Society for Research on Superplasticity (1991) p. 611.
47) ボーイング資料.
48) JMIA, 1992, Feb.
49) R. R. Boyer : APPLICATION OF BETA TITANIUM ALLOYS IN AIRFRAMES, BETA TITANIUM ALLOYS, IN THE 1990's, Edited by D. Boyer, R. R., Koss, D. A. p. 335.
50) A. Ogawa, H. Fukai, Minakawa and C. Ouchi : Beta Titanium Alloys in the 1990's.
51) 井上・高橋・清水:「チタン合金の恒温超塑性板金加工法の研究」, 三菱重工技報, **16**, 5.
52) A. Takahashi, S. Shimizu and T. Tsuzuku:Journal of the JSTP, **31**, 356 (1990-9).
53) M. Ohsumi andS . Kiyotou : Transaction of ISIA, **25**, 25 (1985) p. 514
54) 大隅 真・高橋明男:日本機械学会第589回講習会, 金属接合の先端技術, 東京 (1984-11).
55) T. Tsuzuku and H. Sato : JOURNAL DE PHYSIQUE Ⅳ, Colloque C7, supplement au Journal de Physique Ⅲ, **3** (1993) p. 389.
56) 都筑・佐藤・山田:三菱重工技報, **33**, 2 (1996-3).
57) 都筑隆之:まてりあ, **35**, 10 (1996) p. 1083.
58) 都筑隆之:塑性と加工, **39**, 445 (1998-2) p. 100.
59) JIS T 9203 : 1999 電動車いす.
60) 道路交通法施行規則 第1条.
61) 平成6年度車いすISO規格及び原案翻訳集,財団法人自転車産業振興協会, 1995. 3.
62) 平成7年度車いすISO規格及び原案翻訳集,財団法人自転車産業振興協会, 1996. 3.
63) 佐々木鉄人:「高齢者・障害者の移動支援におけるメカトロニクス応用」,日本機械学会誌 ホームケアテクノロジー特集, **101**, 950 (1998) pp. 57-61

第4章　家電・情報機器の設計事例とその技術

4.1　冷蔵庫の軽量化・省エネ設計

4.1.1　はじめに

冷蔵庫は，家庭で使用する消費電力量の約 18.5 % を占め，また LCA（Life Cycle Assessment）分析によると，この消費電力量は「製造から廃棄」に至る環境負荷（総エネルギー）の約 90 % を占めていることから，省エネは必要不可欠となっている（図4.1）．

近年，各社とも省エネタイプの商品開発に注力しており，（株）東芝は 97 年度，

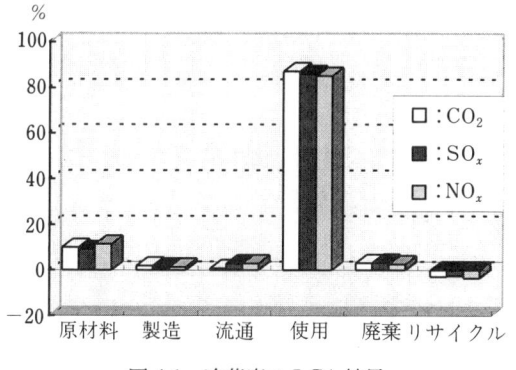

図4.1　冷蔵庫の LCA 結果

用途に応じて自由に温度設定できる切換えルーム搭載の「"かわりばん庫" GR-M 43 KC」を開発し，98 年度には冷気循環ファン，コンデンサ冷却ファン，一気製氷・一気冷凍専用急冷ファンの三つを DC ブラシレスモータ化してトリプルインバータによる風量・風速制御を行ない，冷却力をパワーアップした業界トップクラスの省エネ冷蔵庫「GR-Y 45 KC」を開発した．また，景気の低迷が続く中でも，生活必需品である冷蔵庫は買換え需要に支えられて堅調に推移しており，大型化が進んで 400 l 以上の比率が全体の 20 % を越えるまでになった．冷蔵庫の大型化に伴い，省エネはもちろん，食品の大量貯蔵に対する鮮度保存機能の要求，高齢者などに対する使い勝手への配慮の要求が高まる中，「"凍らせないで鮮蔵しましょ" GR-471 K」を開発した．

省エネ技術においては，ツイン冷却システムとインバータのタイムシェアリング制御に加え，霜取周期最適化などにより，380 kWh/年（JIS C9801 の測定方法）を達成した．これは，冷蔵庫の買換えサイクルといわれている 10 年前の

400 l クラス冷蔵庫の消費電力量と比較すると約 62 %（同じ定格内容積に換算すると約 67 %）の低減となる．

4.1.2 冷蔵庫の省エネ技術
(1) LCA からみた冷蔵庫の省エネ

地球温暖化や大気汚染など，環境に影響する物質として CO_2，SO_x，NO_x などがあり，これらの影響を定量的に把握し，環境調和型製品の開発に取り組むことが重要である．

図 4.1 の冷蔵庫 LCA の結果から，ライフサイクル（原材料調達，製造，流通，使用，廃棄，リサイクル）の各段階で発生する CO_2，SO_x，NO_x の発生割合をみたとき，使用中が約 90 % で一番環境に影響を与えていることから，使用段階の環境負荷の低減（消費電力量低減）が重要な課題であり，これから記載する種々の省エネ技術により消費電力量を低減し，CO_2，SO_x，NO_x 発生を抑制した．

冷蔵庫の省エネ設計としては，下記項目に対して取り組んでいく必要がある．また，各項目の省エネへの効果の比率は次のとおりである．

① 冷凍サイクル ･････････････････････････････････････ 50 %
② コンプレッサの効率改善 ･････････････････････････････ 20 %
③ 電子制御 ･･･････････････････････････････････････ 15 %
④ その他（キャビネットの熱リーク低減，電気部品の損失低減）
　･･･････････････････15 %

(2) 従来の冷蔵庫の冷凍サイクル

まず冷凍サイクルについて，東芝の従来機種〔「GR-M 43 KC」（図 4.2)〕では，図 4.3 に示すように一つの冷却器 ① で冷凍室，冷蔵室を同時に冷却していた．冷凍室の温度をセンサ ② で検知し，その信号に基づきコンプレッサ ③ と冷気循環

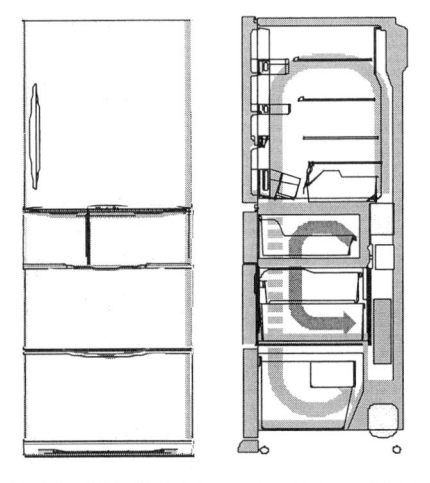

図 4.2　従来機種「GR-M 43 KC」の概略図

ファン④をON-OFF運転させて冷凍室の温度を制御するとともに，冷蔵室温度はダンパ⑤の開閉により制御していた．

従来機種での1エバ（冷却器）冷凍サイクルの問題点としては次の3項目が挙げられる．

(1) R(冷蔵)/F(冷凍)室を同時に冷却するために，冷却器での蒸発温度が-30℃と低く，サイクルCOP（冷凍能力/入力），冷凍能力が低い．

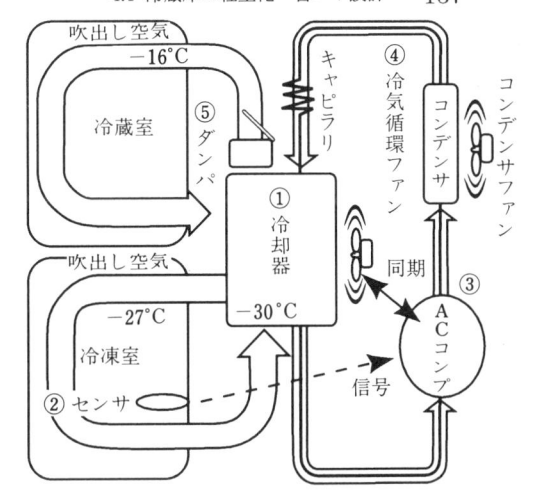

図4.3 従来機種「GR-M43KC」の冷凍サイクル

(2) ダクト構成が複雑となり通風抵抗が大きくなるため，ファン回転数を高回転にする必要があり，ファン入力が大きくなる．

(3) 冷却器に着く霜の量が冷蔵室と冷凍室の全室分が着霜するため，頻繁に霜を溶かす必要がある．

(3) ツイン冷却インバータシステム

上記の問題点を解決するために，冷蔵室と冷凍室を独立して冷却する最も効率のよい冷凍サイクルを開発した．

開発機種「GR-471K」(図4.4)では，図4.5に示すとおり冷凍専用①と冷蔵専用②のそれぞれ独立した二つの冷却器をもち，これらの冷却器を制御弁（三方弁）③により切り換え，冷気の冷凍循環サイクルと冷蔵循環サイクルをそれぞれ効率よ

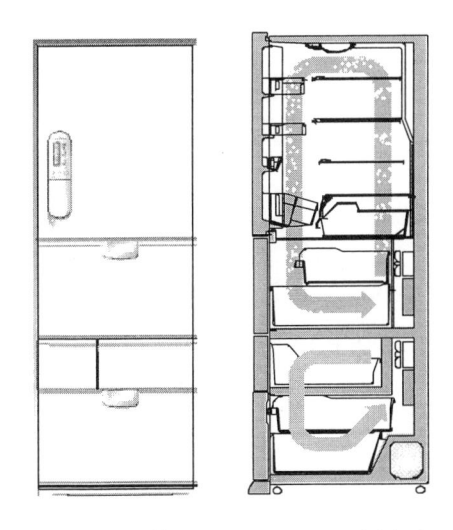

図4.4 開発機種「GR-471K」の概略図

く交互に運転するタイムシェアリング制御を採用した.加えて,コンプレッサ④および冷気循環ファン⑤,⑥,コンデンサ冷却ファン⑦のインバータ能力可変システムにより省エネ効果を得た.

① **高効率運転**

インバータ能力可変システムにより,コンプレッサをインバータ周波数制御,ファンを位相制御して冷蔵庫の負荷量の変化に対応するとともに,各貯蔵室の温度が最適温度になるよう冷気の冷蔵循環サイクル(図4.6)と冷凍循環サイクル(図

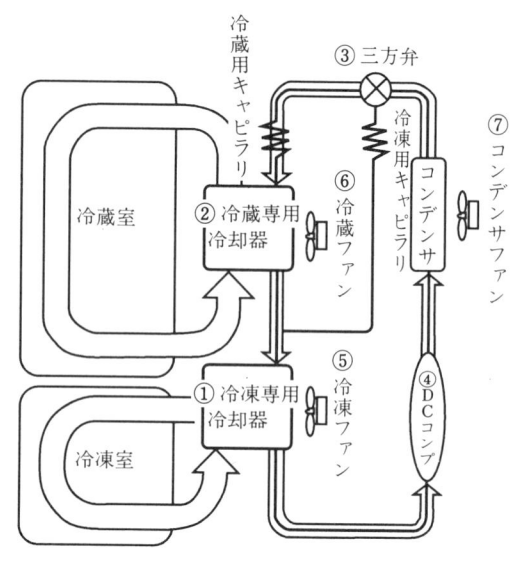

図4.5 開発機種「GR-471 K」の冷凍サイクル

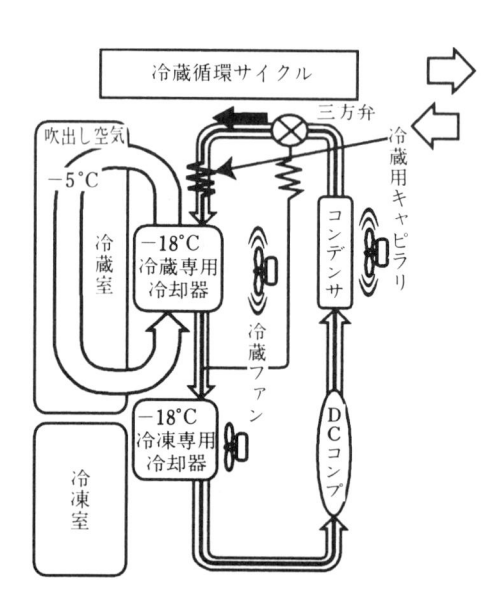

図4.6 冷蔵循環サイクル

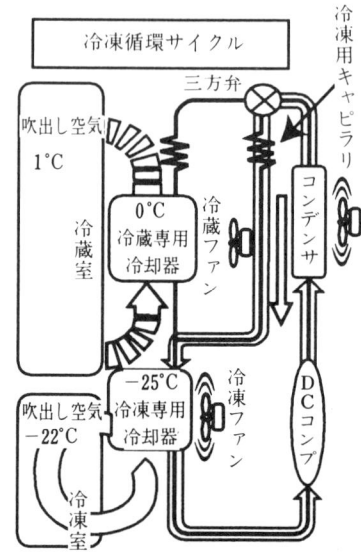

図4.7 冷凍循環サイクル

4.7)をタイムシェアリング制御で交互に運転する．これによりロスの少ない高効率運転を実現した．

② 冷蔵循環サイクル運転

全有効内容積中の 74 % を占める冷蔵室，野菜室の冷却を対象とし，冷却器の蒸発温度を従来の -30 ℃ に対し -18 ℃ へと高く設定したことにより，図 4.8 のように効率（COP）の高い点で運転することができ，同期電動機採用の小型コンプレッサの効率向上との相乗効果によって，COP を従来の 120 % から 173 % に向上させた．なお，このときの冷凍室は，冷凍ファンの回転を停止し，冷凍室専用冷却器の熱容量により冷凍室の温度上昇を防止している．

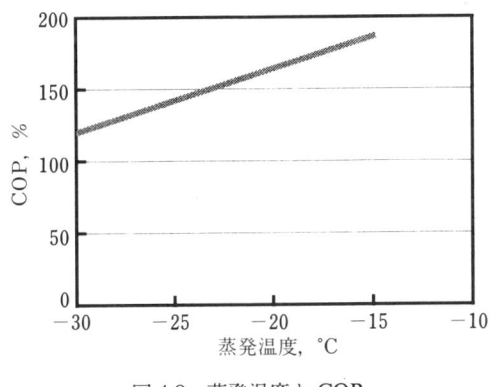

図 4.8 蒸発温度と COP

③ 冷凍循環サイクル運転

三方弁により冷凍専用冷却器のみを -25 ℃ の蒸発温度で冷却し，冷凍ファンにより冷気を冷凍室に循環する．このとき，冷蔵ファンは停止せず低速回転し，冷蔵専用冷却器に付着した霜を冷蔵室内空気の熱により融解（送風霜取り）する．このオフサイクル霜取りにより霜を溶かしながら，その湿度を冷気（霜の融解潜熱，気化潜熱）とともに冷蔵室へ循環して，冷蔵室内を「うるおい冷却」する．

④ うるおい冷却

従来の冷蔵庫では，一つの冷却器で温度帯の異なる冷蔵室・冷凍室を冷やしていたために，庫内の温度が大きく変動していた．これに対しツイン冷却方式では，以下の改革を行ない冷蔵室庫内温度の低温化と変動幅縮小を図った．

a. 冷蔵室専用冷却器の温度を従来機種の -30 ℃ から冷蔵循環サイクルに適した -18 ℃ に設定し，吹出し冷気の温度を高くした．これにより冷蔵室の設定温度を従来の 3 ℃ から 2 ℃ 以下にしても凍結することがなく，低温保存が

表 4.1 設定温度に対する庫内温度の変動幅
（冷蔵室内の場合）

開発機種「GR-471 K」	従来機種「GR-M 43 KC」
1 ± 0.5 ℃	3 ± 2.0 ℃

図 4.9 冷蔵室温度の比較

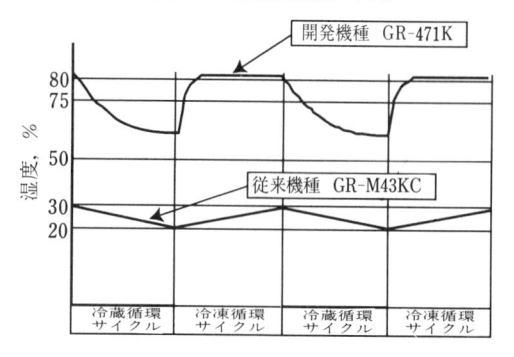

図 4.10 冷蔵室湿度

表 4.2 冷蔵室内の湿度

開発機種「GR-471 K」	従来機種「GR-M 43 KC」
約 75 %	約 20〜30 %

できるようになった.

b. ツイン冷却器のタイムシェアリング制御により，冷蔵専用と冷凍専用の独立した二つの冷却器を設定温度に合わせて交互に細かく制御運転することで，それぞれの温度帯に適した冷却運転を行ない，庫内の温度変動を図のように低減した（表4.1，図4.9）.

また，冷蔵室庫内の温度変動が大きいことにより，冷蔵室内に保存している食品の水分が奪われ，乾燥してしまうという問題があった.

これに対し「GR-471 K」では，冷蔵循環サイクル停止中に冷気循環ファンを低速運転させ，冷却器に付着した霜を冷蔵室内空気の熱により融解し，そのときの湿度で庫内を加湿して，冷蔵室内の空気を図4.10のように高湿度に保ち乾燥防止を図った（表4.2）.

⑤ ノンストップ運転

冷蔵と冷凍の交互冷却運転を行なうこと，およびインバータによって図4.11のように冷凍能力が低くてよい（夜間で庫内温度が安定しているときなど）ときはコンプレッサを低速運転してゆっくり冷却することから，運転の停

4.1 冷蔵庫の軽量化・省エネ設計　141

止/起動の回数が少なくなる．そして常温（20℃）以上の室温においてはほとんど連続運転となる．そのため，大電流を必要とする起動時のロスが少なくなる．

⑥ 霜取り（ヒータ除霜）頻度の低減

冷凍循環サイクル運転時には，制御弁により冷蔵専用冷却器の冷媒を止め，冷却を停止する．このとき，冷蔵ファンを低速運転させ，冷蔵専用冷却器に付着した霜を冷蔵室内空気の熱により融解（送風霜取り）する．これにより，冷蔵専用冷却器の霜取りは通常不要となる．したがって，冷凍専用冷却器のみ従来の1/4程度の頻度で霜取りが

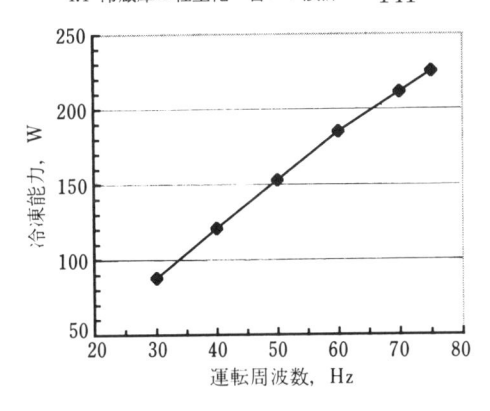

図4.11　冷凍能力コンプレッサ単体特性

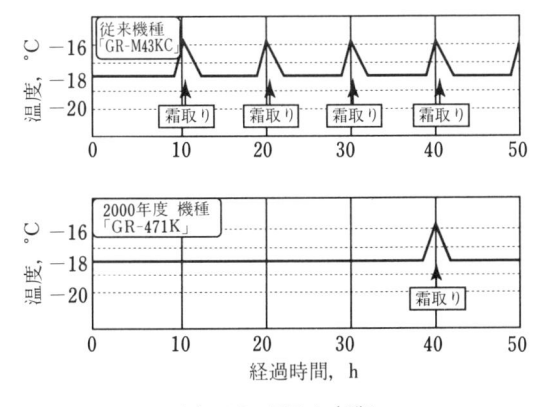

図4.12　霜取り制御

行なわれ，ヒータによる霜取りの電力消費が抑制される．

　従来の霜取り方式では，着霜の有無や着霜量にかかわらず決まった時間になると霜取りヒータを通電していたが，本機種では着霜状況をコンプレッサの周波数変化によって検知し，ツイン冷却方式のメリットを最大限に生かして，従来の霜取りサイクルに対し約4倍のサイクルで霜取りを行なうことができる（図4.12）．

⑦ インバータ能力可変システム

　冷却に必要とされる冷凍能力は，コンプレッサ回転数を変化させることで効率的に得られる．冷凍室と冷蔵室（野菜室），さらに切換えルームの各室で必要とする冷凍能力をそれぞれ計算し，その合計値をもとにPID制御（Proportional-Integral-Differentiation Control）によりコンプレッサの周波数を算出している．図 4.13 に示す冷蔵庫シミュレータを開発し，PID 制御のパラメータをチューニングした．

⑧ 冷蔵庫用インバータ装置

インバータの基本構成は図 4.14 の構成とした．家庭用 AC 単相 100 V を電源とするインバータの主回路 DC 電源は，通常下記の 2 種類で選択する．「GR-471 K」用インバータ装置では省電力を優先させて DC 280 V 倍電圧方式を採用した．

① DC 140 V
- モータ電流が多くインバータ部の損失が多くなる
- 部品が少ない

② DC 280 V 倍電圧整流
- モータ電流が少なく，インバータ部の損失が少ない
- 部品が多い

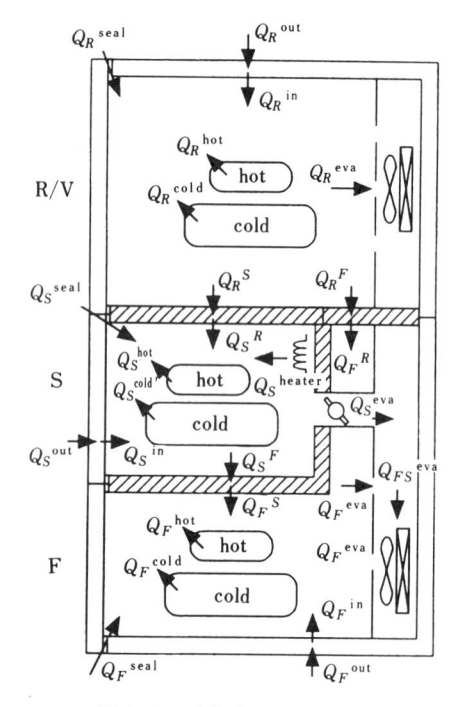

図 4.13 冷蔵庫シミュレータ

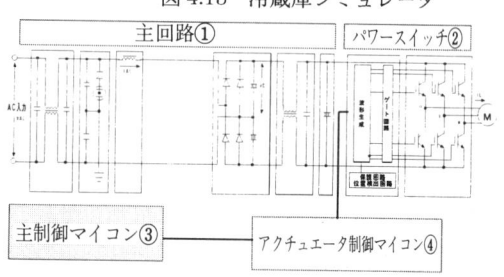

図 4.14 インバータの基本構成

（4）冷蔵庫用インバータ装置

冷蔵庫の省エネ化のポイントとしてコンプレッサの効率改善が重要な課題である（図 4.15）．

DC モータ効率の向上アイテムとして次の 2 項目がある．

① モータ鉄損の低減

電磁鋼板の添加物（Si，Al，Mn）のうち，Si の比率を増加させた．

② モータ銅損の低減

巻線径アップ φ0.65 mm → φ0.70 mm スペースファクタ（スロット空間内に占める巻線の割合）を図4.16に示すように許容限界近くまで上げた．

(5) 冷蔵庫におけるその他の省エネ技術

① 仕切り部からの熱リーク低減

伝熱板となっている仕切り部のプラスチックを図4.17に示すように冷気の当たる部分を断熱部材で覆うことにより，防露パイプからの庫内への熱リークを防止し，省エネ効果を得る（図4.18）．

② インバータロスの低減

電子制御用電源駆動回路の省電力として，無効電力であったベース電流の削減を実施した．

a. 電流増幅型から電圧制御型に変更：ベース電流が73 mAから1 mA以下に削減

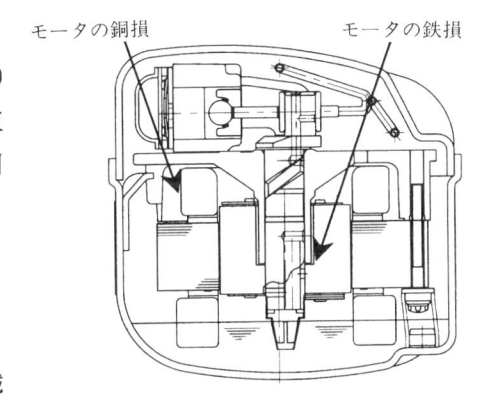

図4.15　DCインバータコンプ

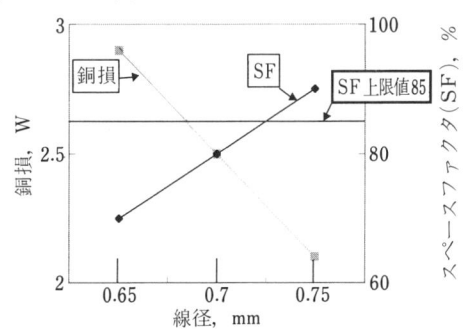

図4.16　モータ銅損の低減

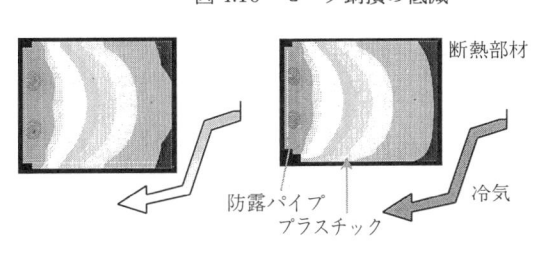

図4.17　仕切り部断熱面

b. スイッチング周波数を低下し，熱ロスを低減

4.1.3 省資源性・リサイクル性

(1) 省資源性

① 製品の取組み

冷蔵庫は，付加価値として内容積を提供する商品であり，冒頭に述べたよう

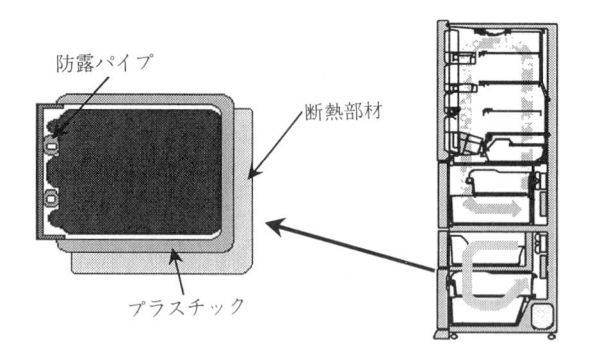

144　第4章　家電・情報機器の設計事例とその技術

図 4.18　仕切り部断熱

表 4.3　製品質量比較

機種名	2000年度機種「GR-471 K」	1995年度機種「GR-K41 M」
全定格内容積，l	465	405
製品質量，kg	88	89
全定格内容積当たりの製品質量，kg/l	0.189 (14 % 低減)	0.220

に毎年大容量化しており，従来技術の延長であれば，製品外形寸法が大きくなり製品質量も増加することになる．

本機種は，冷蔵・冷凍を交互に冷却するツイン冷却方式の採用によりコンプレッサの小型化などによる機械室のコンパクト化，冷蔵・冷凍の冷気循環ダクトを独立させたことによる冷気循環部品の簡素化・軽量化を行なった結果，全定格内容積当たりの製品質量を 14 % 低減（対 95 年比）し，省資源化を図った（表 4.3）．

② 包装の取組み

a. 発泡スチロール使用量削減

2000 年 4 月 1 日より「容器包装に係る分別収集及び再商品化の促進等に関する法律（以下，容器包装リサイクル法という）」が施行され，製造者に発泡スチロールの再商品化が義務づけられることから，発泡スチロール排出量削減のため包装改善に取り組んだ．

冷蔵庫は，毎年大容量化しており，包装容積も大きくなり，発泡スチロールの使用量も増加する傾向にあったが，本機種は，包装緩衝設計を改善し包装空間すき間を減少させ，包装容積の増加を抑えるとともに製品質量を受ける面積の限定化による包装緩衝材の分割化などにより，全定格内を 24 % 低減（対 95 年比）した（表 4.4）．

表4.4 発泡スチロール使用量比較

機種名	2000年度機種「GR-471 K」	1995年度機種「GR-K41 M」
内容積, l	465	405
包装容積, m^3	0.966	0.965
発泡スチロール使用量, g	218	252
全定格内容積当たりの発泡スチロール使用量, g/l	0.47 (24%低減)	0.62

表4.5 段ボール質量比較

機種名	2000年度機種「GR-471 K」	1995年度機種「GR-K41 M」
内容積, l	465	405
段ボール質量, g	5 884	5 990
全定格内容積当たりの段ボール質量, g/l	12.6 (15%低減)	14.8

b. 段ボール質量削減

段ボールについては,容器包装リサイクル法の適用を受けないが,省資源の面で,強度物性値を維持した中で段ボール構成2層から1層に改善し,全定格内容積当たりの段ボール質量を15%(対95年比)低減した(表4.5).

(2) リサイクル性

2001年4月1日施行の「特定家庭用機器再商品化法(家電リサイクル法)」では,製造者に再商品化(リサイクル)を義務づけている.

本機種は,冷蔵と冷凍をそれぞれ個別に送風冷却するツイン冷却方式の採用により,冷凍室と切換え室の仕切りとダクト構造の改善を行ない,従来断熱材の中に埋め込まれ,リサイクルできなかった冷凍室と切換えルームの仕切り組立て(図4.19)を取外しできるようにし,

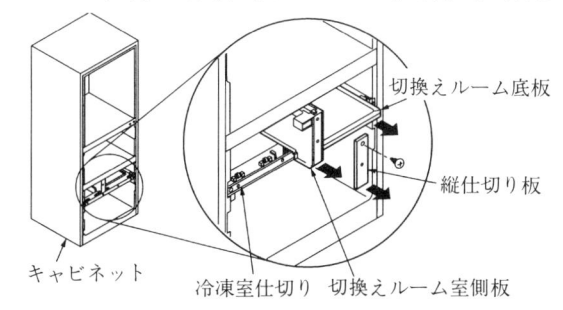

図4.19 切換え室と冷凍庫の分解方法

表4.6 断熱材

機種名	2000年度機種「GR-471 K」	1995年度機種「GR-K41 M」
内容積, l	465	405
断熱材発泡後のキャビネット質量, kg	27.4	31.5
全定格内容積当たりの断熱材発泡後のキャビネット質量, kg/l	0.0581 (26％低減)	0.078

リサイクル対象外の断熱材埋設部品の削減を図ることで全定格内容積当たりの断熱材発泡後のキャビネット質量を26％（対95年比）削減した（表4.6）.

4.1.4 おわりに

東芝は，自動製氷機付き冷蔵庫「GLASIO」から切換え室付き冷蔵庫「かわりばん庫」，ツイン冷却サイクル冷蔵庫「みはりばん庫」，低温保存の「凍らせないで鮮蔵しましょ」を開発してきている．これらを通して，年々新しい省エネアイテムを生み出してきた．今後も，生活必需品である冷蔵庫に対し新しい技術をもってさらに省エネ設計を進めていくことにしている．

4.2　掃除機，洗濯機の軽量化・省エネ設計

4.2.1　はじめに

人々は，掃除，洗濯といった家事労働の快適化・省力化のために，色々な道具を発達させてきた．道具から家庭用電化機器への転換は19世紀後半からであり，小型軽量化・高性能化・高信頼性化・低価格化の努力により広く普及した．最近の課題は，いかに「軽量化」と「省エネ」を推進するかである．

その背景としては，大量生産・大量消費の時代における製品の多様化・低価格化などの追求により，製品が多品種化し，部品点数が増加し，使用される製品の材質の種類が増加したことなどが挙げられる．その結果，地球温暖化，資源の枯渇，廃棄物処理場の不足といった地球規模での環境問題がクローズアップされ，省エネ法と再生資源利用促進法が施行された．今回は，特定品目での施行ではあるが，今後は品目の拡大が検討されている．

1997年12月に開かれた京都会議（国連気候変動枠組み条約第3回締結会

議)で，日本は二酸化炭素やメタンなどの温室効果ガスの排出量を，おおよそ2008年から12年までの間に1990年に比べ6％削減することを目標にした．この目標達成の柱が省エネ法であり，家電品においてはエアコン，冷蔵庫，テレビ，VTR，蛍光器具などの品目について，2000年8月より日本工業規格(JIS)統一基準による省エネラベルを，製品カタログや製品本体に表示することになった．このラベルは，各製品分野で最も優れた消費電力を省エネ達成率100％とし，比較対象製品が何％であるかを表示する，いわゆるトップランナ方式[1],[2]であり，他社との比較がよりわかりやすくなり，製品淘汰の加速要因になるであろう．

一方，再生資源利用推進法[3]は，1991年の「再生資源利用促進法」の制定，「廃棄物処理法」の改定，1993年の「環境基本法」，1995年の「容器包装リサイクル法」などの法律整備が行なわれてきた．これにより，家電品の冷蔵庫，エアコン，洗濯機，テレビの4品目が「再生資源利用促進法」の第一種に指定され，2001年4月から「家電リサイクル法」が施行される．この法律には，消費者，小売業者，自治体，メーカーの役割分担や再資源化施設の設定，再商品化率などが明記されている．

現在では，製品の使用エネルギー低減を製品のライフサイクル全体で考える必要があり，製品の原料調達から生産，販売，消費者の使用，廃棄に至るライフサイクル全体の総合環境負荷評価(LCA)が必要となった．環境配慮型設計の考え方としては，リサイクルしやすい材料の選定「エコマテリアル化」，少材料化としての「軽量化」，節約や高効率化としての「省エネルギー」，廃棄後に部品や材料別に分解しやすい「易分解構造」が，開発に当たり重要な技術課題である．

本節では，このような観点を踏まえて軽量化・省エネの技術開発について述べてみたい．

4.2.2 掃除機の軽量化・省エネ技術

掃除機の家庭への普及開始は1950年代である．日本は畳掃除が主であったが，現代は，そのほかにじゅうたんや木床が混在するため，色々な改良で集塵性能と操作性の向上がなされ発展してきた．その結果，住環境の多様化，衛生健康指向の高まりとあいまって生産台数も順調に推移し，一家に複数台保有す

るまでになり，国内需要は年間600万台程度になった．

　日本において主流になっている掃除機の構成は，本体を床移動できるキャニスタ型である．本項ではこの方式について述べる．この方式は，本体と吸口部分を延長管とホースで連結したもので，自在に床を移動でき，机の下のように吸口が入る部分も掃除が可能なタイプである．近年では，使いやすさの追求のため，集塵性能を維持しつついかに小型・軽量化し，軽快に操作できるかが追求されている．

(1) 掃除機の構造

　掃除機の基本構造を図 4.20 に示すキャニスタ型（床移動型）掃除機を例として説明する．掃除機の主な構成要素は，ごみを床面からはく離させる吸口，ごみを移送する延長パイプ，ホース，ごみを収納する集塵部，空気駆動源の電動送風機，電動送風機と全体を運転制御する制御部，そしてそれらを収納する本体ケースである．

　ごみは空気と一緒に吸口より吸い込まれ，延長パイプ，ホースを介して集塵部に入り，そこに内蔵された紙パックフィルタで分離される．空気は電動送風機に流れ，これを冷却したのち，本体の排気口より外部に排気される．

(2) 電気掃除機の高出力・高効率化の推移

　電気掃除機の集塵性能を測る指標として吸込み仕事率がある．この値は，(風量×真空度) にある係数を掛けてワット表示したもので，高いほど集塵力が

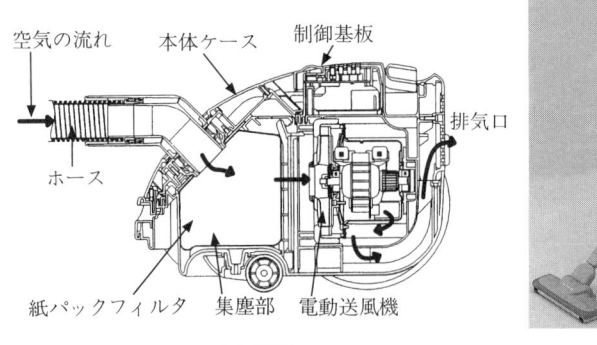

(a) 構造 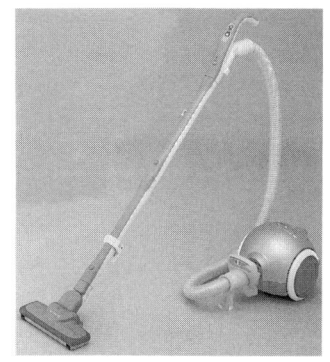　　　　　　　　　　　(b) 外観

図 4.20　掃除機の構造

強くなる．図4.21にこの仕様の推移[4]を示す．

1973年の第一次オイルショックから1985年までは，省エネの観点で入力の低減が図られた．その後，衛生思想の向上から1993年頃まではモータ入力を増加させるとともに，モータおよびファンの効率向上が図られた．しかし，入力が1 kWに達してからは，省エネの観点から品質表示法で規制され，入力を抑えて電動送風機の効率向上が図られ，吸込み仕事率の向上がなされた．あわせて本体の流路損失の低減などもなされ，1985年を基準にした性能を比較すると，2000年では入力が450 Wから1 000 Wへと約2.2倍で，吸込み仕事率（出力）は150 Wから560 W級へと約3.7倍に向上している．これを単位入力当たりの出力に換算すると，約60〜70 %の効率向上となり大きな省エネ効果となった．

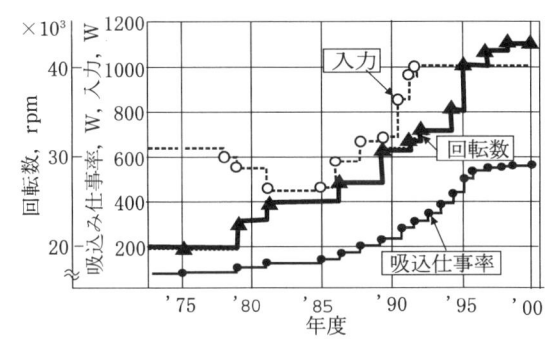

図4.21 掃除機の仕様の推移[4]

以下，各構成要素ごとの改良内容について述べる．

(3) 掃除機の各構成要素における技術の改良

① 吸口，延長パイプ，ホース部

吸口はごみを実際に収集する要素である．集塵性能に大きく関係し，集塵効率の向上，操作性の向上がなされた．特に，じゅうたん床の増大に伴いブラシ付き吸口にその進歩がみられる．

従来のブラシ駆動源は内蔵のDCモータであったが，大型で重く，数多くの材料で構成されていたので操作性とリサイクルの面で欠点があった．この欠点を解消するためにモータレスとし，駆動源として吸込み気流を利用した軽量・高集塵エアタービン方式が出現した．この方式は，タービンの形態として衝動型ペルトンタービンを原理としたもので，ノズルや流路の最適化を加え高効率化している．また，モータ方式においても，その後，磁界マグネットの高性能化でモータの小型・軽量化が図られ，欠点であった操作性も改良されて，広く普及し始めた（図4.22）．

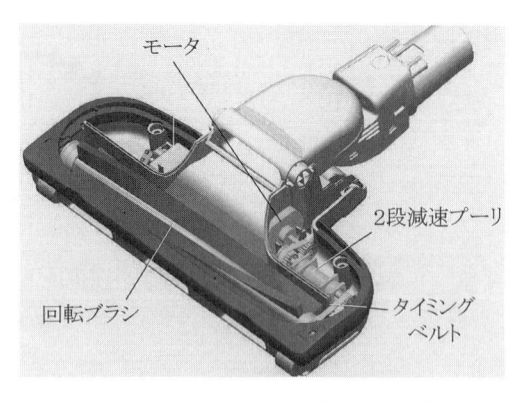

図中ラベル: モータ、2段減速プーリ、回転ブラシ、タイミングベルト

図4.22 エアタービン式吸口の構造

ホースは，吸口に内蔵されたモータへの給電と保形を兼ねる鋼線や手元操作部と本体との信号線も内蔵し，絶縁と強度保持のために PVC（ポリ塩化ビニル）の二重皮膜構造になっている．近年，この複合材となっているホースをワイヤレス化し，エコマテリアル材である EVA（エチレン酢酸ビニル共重体）で単一素材化した例[5]がある．先に述べたタービン方式では，手元操作部に赤外線発光素子を設け，この光信号を本体の受光素子で受信するとともに，吸口を前述のエアタービン方式とすることで完全なワイヤレス化を達成している．これにより，軽量化を図るとともに単一素材化によるリサイクル性向上も図っている．

② 集塵部（フィルタ）

必要条件は，吸込んだごみを完全に補足すること，補足したごみで目詰まりしないで多くのごみを収納すること，収納したごみが簡単処理できることである．1980年代よりフィルタとごみ袋を兼ねた紙パックフィルタが一般的になった．これで，ごみ処理の簡単化・衛生化が飛躍的に進歩するとともに，目詰まりしたときの除塵機構を不要として小型・軽量化がなされた．

③ 電動送風機

電動送風機は，図4.21に示したように吸込み仕事率を向上させた大きな要因であり，その中でも高速回転化が性能向上の最大のポイントであった．1985年頃では 25 000 rpm 級であったものが，現在では 43 000 rpm 級が出現し，大きな効率向上を達成するとともに，ファン外形の小径化やモータ積厚の低減がなされた．その結果，吸込み仕事率の増大にもかかわらず小型・軽量化がなされた．

電動送風機は，図4.23に示すようにモータとファンが一体となったものである．ファンは遠心ファンの一種であり，羽根車で加速された高速の気流をデ

ィフューザなどの静止部で損失少なく減速して，運動エネルギーをポテンシャルエネルギーに変換している．そして，モータを冷却した後に排気される．モータはユニバーサルモータであり，ほかの交流モータに比べて高速回転可能，小型軽量という特徴をもっている．モータは，固定子側の界磁巻き線と回転子側の電機子巻き線とを直列に接続して直巻き特性をもち，また，ブラシから整流子を介して交流電流が供給されるようになっている．

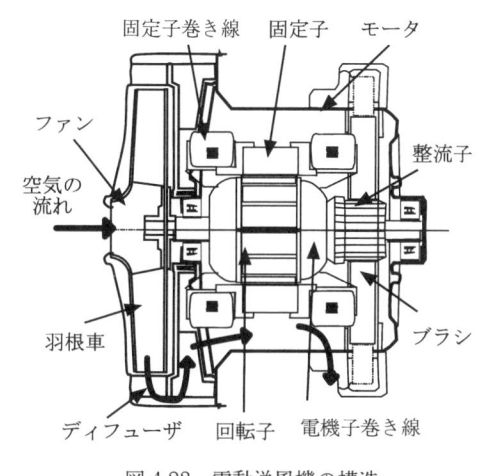

図 4.23 電動送風機の構造

　高速回転化の大きな課題は，低振動化，モータブラシの整流と摺動の安定化である．低振動化は，軸長さの短縮などによる回転一次固有振動数の高域化，回転不つり合いの抑制と高精度バランシング技術，整流子や軸受などの高精度化で達成された．一方，整流と摺動の安定化は，整流子の小径化，ブラシ材の改良や電機子の巻き線の工夫などでなされた[6]．

　高効率化のため，モータにおいては，整流子の小径化などによる機械損，巻き線の銅損，鉄心の鉄損低減がなされた．あわせてブラシ電気損低減のために，ブラシ長さ方向に貫通穴を設け，その中に銀めっき銅粉を充てんしたり，ブラシの全側面に銅めっきを行なって，ブラシ中の電流をバイパス流路として分流する方式なども実用化された．一方，ファンにおいては，高速化に伴いファン周速は 200 m/s を超す気流となるため，羽根車入口でのシールなどによる漏れ循環流の防止などの工夫や，大型計算機を使用した流れ解析などが適用され，羽根車，ディフューザなどの形状の最適化が図られてきた．また，近年では静音化のニーズも高まり，よりいっそうの高効率化と静音化の研究が進められている．

④ 制御部

1980年代後半より急速に制御が電子化され,操作性向上,小型・軽量化と省エネ化に大きな進歩がみられた.以下,具体的な内容を述べる.

電気掃除機は,木床,じゅうたんなどの多様な床面上で運転されるので,それぞれの床面に応じて最適な運転状態を実現するのが好ましい.このため,床面状態を電動送風機の入口側に設けた圧力センサの出力の変動から判定し,認識して運転するものがある.また,運転状態は,圧力センサの絶対値とモータの電流を検知するセンサの出力とから認識して,床面に応じた最適運転を行なうように制御する.このようにして,掃除全体の消費エネルギーを低減しているものもある.また,延長パイプの流路内に光を用いたごみ通過センサを設け,ごみが通過しなくなると入力を低減するものもある.そのほか,操作信号を赤外線リモコン化したものもある.

⑤ 本体ケース

本体ケース内には,図4.20に示したように電動送風機,集塵部,コードリール,制御部などがコンパクトにレイアウトされている.このレイアウトで電動送風機から発生した気流を効率よく排出することも,地味ではあるが重要な設計技術である.そのため,近年は3D-CADを用いて,よりコンパクトで軽量化設計がなされている.

また,本体ケースに使用される材料は,今までは全体がABS(アクリルブタジエンスチレン)であったが,エコマテリアルで低比重であるPP(ポリプロピレン)が下部ケース部に多く用いられるようになり,軽量化にも寄与しつつある.

(4) 今後の展開

掃除機は,電動送風機の高効率化,吸口部などの改良により基本性能である集塵力を高めた結果,ユーザーから一定の評価を得てきた.

集塵力の次は静音化と軽快操作であり,ユーザーニーズは小型・軽量化,省エネに移る兆しがみえる.これを解決するキー技術は,低入力化していかに集塵力を高めるかである.そのため,電動送風機のさらなる静音・小型軽量・高効率化と,それにみ合った新集塵方式の開発が期待される.また,軽快操作を格段に進歩させるための手段として,二次電池を使用したコードレスタイプの

キャニスタ型掃除機の普及が始まった.

4.2.3 洗濯機の軽量化・省エネ技術

本項では,一槽の洗濯兼脱水槽で洗濯,すすぎ,脱水の各工程を自動移行する全自動洗濯機の中でも,洗濯方式として日本を中心にして広く普及している渦巻き式について述べる.

1950年代の一槽式,1960年頃に始まる二槽式洗濯機の普及開始を経て,本方式の洗濯機は1970年頃から登場し,1985年に本格普及した.現在,国内の洗濯機総需要は約460万台/年であり,その約90％が本方式である.このように大きく伸長した背景としては,有職主婦の増加,ライフスタイルの変化,洗濯に手間を掛けずまとめ洗いをしようとする家事省力化のニーズの高まりがある.

これに対して,メーカー側は,日本の家屋事情を考慮して洗濯機の設置面積を変えずに洗濯容量を大きくする小型・軽量化技術や,少ない水や電気で洗濯する節約・省エネ技術の開発を行なってきた.

(1) 洗濯機の構造

図4.24に,現在の標準的な洗濯機の構造を示す.外枠筐体の中に,水受け槽である外槽を外枠4隅から防振装置(吊り棒)にて垂下支持し,この外槽の中に洗濯兼脱水槽である内槽を収納している.水抜き孔が多数開けられた内槽の上

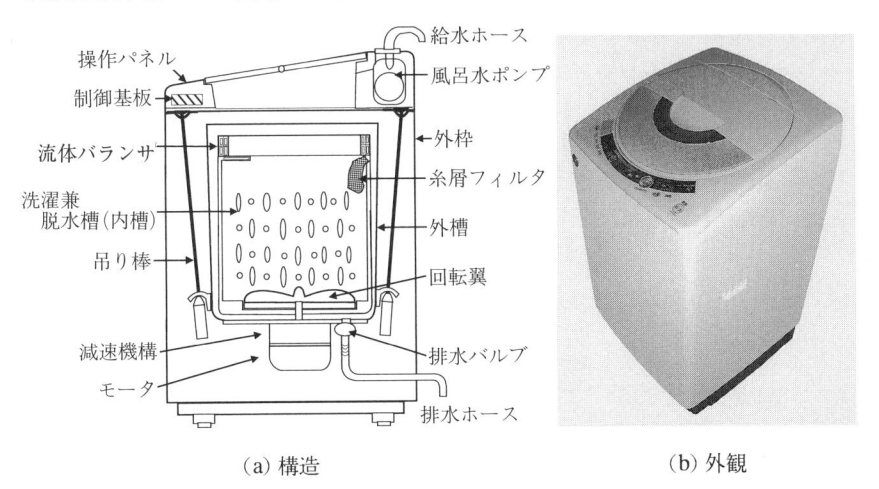

(a) 構造　　　　　　　　(b) 外観

図4.24　洗濯機の構造

部には流体バランサが,また底部には回転翼(パルセータ)が配置されている.

洗濯時には,この回転翼を正逆回転させ,洗濯水中で衣類を撹拌する.脱水時には,内槽自身を高速に一方向回転させ,遠心脱水を行なう.

この回転駆動は,外槽底部に設けられたモータで行なう.従来,モータは単相誘導モータで,回転はプーリとベルトおよびクラッチを介して回転翼,あるいは内槽に伝達される構造であった.最近は,モータをDCブラシレス方式とし,回転翼あるいは内槽に直結,もしくは減速機構を介して回転する方式が主流となった.この方式は静音構造であり,洗濯機の低騒音化に寄与している.

このほか,外槽への給水,排水のための電磁弁をもつ.モータの回転,給排水弁などは,制御基板のマイコンにより動作シーケンスが制御されている.

(2) 洗濯機の大容量化と軽量化の推移

先に述べたように,ユーザーニーズである大容量化は,日本の住宅事情からして設置面積を大きくせずに達成する技術開発が必要である.そのため,回転翼の改良,水流を工夫して布片寄りを低減する技術や,リサイクルしやすい高剛性ステンレス槽の採用,流体バランサ,防振装置の開発改良,機構部の軽量高剛性化による振動抑制技術などの開発が行なわれた.

これらの技術開発により,騒音を増大させないで標準的な容量が約10年前の3〜4 kgから現在7〜8 kgへと倍増している.それにもかかわらず,設置面積(外枠寸法)や本体質量はほとんど増加していない[4](図4.25).すなわち,単位洗濯容量からみた設置面積比や質量比は大幅に低減されており,実質的な

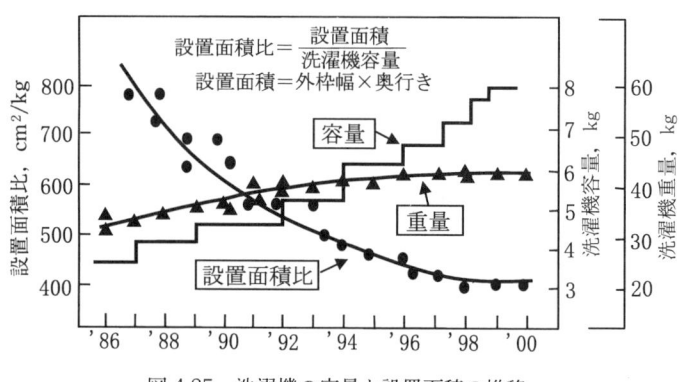

図4.25 洗濯機の容量と設置面積の推移

軽量化は目を見張る値を示している.

(3) 洗濯機における省エネ技術

洗濯機での省エネは二つの観点に分けられる.一つは消費者にとっての実利的省エネ,すなわち節約である.これは,具体的には洗濯コストの水道代(節水),洗剤代(節洗剤),電気代(節電)であり,同時に自由時間増の節時間に集約される.ここでは,主に直接的な節約の観点から,節水,洗浄における洗剤,消費電力量低減について述べる.

洗濯ランニングコストに占める割合は,水道代と洗剤代がほぼ同じ45％を占め,電気代は5％である.このため,節水とともに,同じ洗剤量ではより高洗浄を得るという意味での節洗剤,省電力化技術の開発を並行して進めている.また,これらは洗濯機の基本である洗浄性能とも深くか関わっている.

① 節水化

図4.26に,各時代での単位容量当たりの使用水量の推移を示す.使用水量は10年間で約1/2,昨今,標準的に内蔵装備された風呂水ポンプを使用すれば,水道水の使用水量が約1/5に低減されていることがわかる.

1980年頃から,水位センサ,布量センサの開発とマ

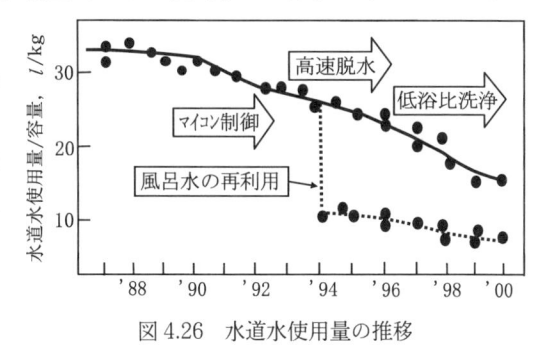

図4.26 水道水使用量の推移

イコン導入による電子化が進んだ.この結果,高度なニューロ＆ファジィ制御で洗濯物量に最適な使用水量を自動的に設定注水することが可能となり,これが使用水量を漸減させている.また,回転翼の改良や大口径化,マイコンで回転翼の回転を細かに制御して起こす水流の工夫なども,低浴比洗浄,すなわちより少ない水で洗濯しても洗浄力を一定レベルに保つことを可能にし,使用水量の低減に寄与している.さらに,内槽を高剛性ステンレス槽として高速回転を可能とし,遠心力を高めて脱水力を向上したことも寄与している.すすぎ工程前に,高速脱水で十二分に洗剤成分を絞り出してから洗濯物をすすげば少ない水量ですむ.

図4.26に破線で示したのは，風呂の残り湯を洗いと1回目のすすぎに再利用した場合である．1990年代に恒常化した水不足により，消費者の節水意識の高まりが大きくなってきた．今まで無駄に捨てていた風呂水を有効活用できる風呂水給水ポンプを内臓した洗濯機[7]が実用化され広く普及し始めたのが1994年であり，現在では各社とも標準装備されている．残り湯を再利用したときの節水効果は，洗濯に使用する水道水が最終すすぎのみとなり，水道水使用量を約1/3に低減できる．

② 高洗浄化

高洗浄化は洗濯機の基本性能であり，すべてに優先するといっても過言ではない．したがって，各社とも性能向上に熾烈な競争をしている．先に述べたように，本性能が高ければ，少ない洗剤，少ない時間での洗濯も可能となるので，省エネの観点からも重要な性能である．

洗浄力は，回転翼の撹拌で衣類に与えられる機械力，洗剤の化学力，洗剤を溶解させ衣類に浸透させる水との3要素の相乗効果で得られる．1980年代から，回転翼の改良や大口径化，マイコンで回転翼の回転を細かに制御して起こす水流の工夫などで，洗濯用水の中で効率的に衣類を撹拌し，機械力を効率よく与えるための開発が続けられてきた．また洗剤の溶解を促進するため，回転翼の裏羽根を利用したポンプ作用で洗濯用水を上部からシャワーで掛けるとか，洗濯時に洗濯槽を回転させながら洗剤液を遠心力[8]で衣類に通過させるなどの洗濯方式の工夫も行なわれてきた．また，洗濯時の回転翼回転は，従来ACモータの回転をプーリとベルトおよびクラッチを介して伝達する方式であったが，最近では駆動モータにDCブラシレスモータを使い，プーリとベルトレスで回転翼を回転させる方式に変化してきた．本駆動方式とセンサフュージョン化，電子制御技術の活用によりきめ細かな運転制御が可能となり，より効率的に機械力を与えるとともに，後述する省電力化にも寄与している．

さらに最近では，水の改質手段として水道水の硬度成分を除去し軟水化する軟水化装置を内蔵した洗濯機や，粉末合成洗剤を少量の水で溶かして濃縮洗剤液を生成し，約10倍濃度に希釈してあらかじめ衣類全体に浸透させる洗剤溶解装置を備えた洗濯機も出現した．これらは，洗剤の界面活性剤能力を最大限に引き出すことで，従来にみられない高洗浄力をもっている．

③ 省電力化

図 4.27 に,ここ 10 年間における標準全自動洗濯機での消費電力量の推移を示す.洗濯容量が増加しているため,消費電力量は洗濯物 1 kg での値に正規化して示してある.この 10 年で,

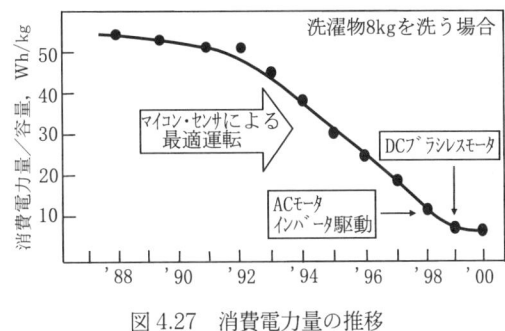

図 4.27 消費電力量の推移

洗濯物 1 kg を洗濯するのに必要な消費電力量は,約 50 Wh から約 7 Wh の 1/7 に削減されていることがわかる.

大幅に低減された理由として回転翼の駆動モータの改良による高効率化と,各種センサの導入と電子制御化によるニューロ&ファジィ制御が可能となり,洗濯時間の短縮がなされたことなどがある.以下,主にモータの改良について述べる.

1980 年代から,単相誘導モータを半導体スイッチ素子とこれを制御するマイコンできめ細かに制御することで消費電力の削減が行なわれてきた.この間の単相誘導モータ単体の効率向上はわずかであり,電力削減の多くは,洗浄力を維持して洗濯時間を削減する方向での技術開発の結果によるものである.すなわち,前述した回転翼の改良や大口径化,マイコンで回転翼の回転を細かに制御して起こす水流の工夫などがなされた結果,短時間でも洗浄力を一定レベルに保つことが可能となり,結果として消費電力量の削減に大きく寄与することになった.

近年になって,産業機器で利用されているインバータ技術が家電にも応用できるコストになり,これによりモータ効率を高められた.さらについ最近では,先に述べたように DC ブラシレスモータ制御が実現して,より一層の省電力化が図られるようになった.

(4) 今後の展開

最近,ますます地球環境問題がクローズアップされ,石油化学溶剤で洗濯する「ドライクリーニング洗濯」も,今後は水で洗濯する「ウォータ洗濯」へと変化する兆しも現われてきた.それに対応して,衣料メーカーからウォッシャブ

ルスーツも発売が開始され始めた.この変化を加速する技術として,高洗浄,しわや型崩れが少ない高仕上がり洗濯法や衣類の開発が望まれる.

また,節約の意味からもさらなる使用水量の低減,そして高洗浄を達成する新洗濯方式の提案が期待されている.さらには,洗剤メーカーには天然粉石鹸並みに生分解する新しい高洗浄洗剤の開発,また洗濯機メーカーには洗濯排水の浄化機能搭載も大きな研究課題になるものと思われる.

4.2.4 おわりに

家事省力化機器の代表的製品である掃除機,洗濯機は,快適で健康な暮らしを実現するために多くの技術開発がなされ,広く普及した.これは,機構構造設計,熱・流体,材料強度,低振動・低騒音,潤滑,生産技術などの機械技術の発展,さらには新材料の出現やマイコンなどによる電子制御技術の進歩に負うところが大であった.

しかし,これからは大量廃棄からくる環境問題や枯渇するエネルギー問題などの解決が緊急課題であり,循環型社会に対応した製品開発が望まれている.そのため,今後,より一層の軽量化,省エネ技術に力点を置いて研究開発を進めることが不可欠な時代となった.

最近,LCAの観点からさらにリサイクルを進める考え方としてインバースマニファクチャリングのコンセプト[9]が提案されている.この概念は,製品,主要部品に環境情報を登録し,この情報をもとに部品レベル,材料レベルでより高度なリサイクルを可能とし,廃棄処分品を極限まで少なくする考え方である.

このコンセプト達成には,徹底した「軽量化」,「省エネ化」をベースとした標準化・長寿命化や新エコマテリアルの開発,さらには余寿命評価,情報のシステム化といった「IT技術」の革新が重要と思われる.

4.3 テレビの軽量化設計

4.3.1 はじめに

環境対応が重視される昨今,「地球環境との共存」はものづくりに携わる企業において絶対の存続条件となっている.こうした中,大型家庭電化製品4品目の一つであるテレビは,製品のライフサイクルにおける環境への影響を見極め

た商品づくりのために，早くから省エネ，省資源，軽量化，リサイクル性の向上に向けての技術開発が積極的に取り組まれ，製品設計に適用されてきている．

本節では，テレビ開発における省資源，軽量化について取り組まれてきた事例について紹介する．

4.3.2 テレビの基本構造

まず，テレビの軽量化を考えるうえでテレビの機構構造を理解する必要があるだろう．テレビの構造は，図4.28のように①キャビネット，②ブラウン管，③高圧回路をもつ電気回路ブロック，④バックカバーと，大きく四つのブロックに分けることができるが，中でも，ブラウン管は製品重量の70％以上を占める重さをもつ（図4.29）．

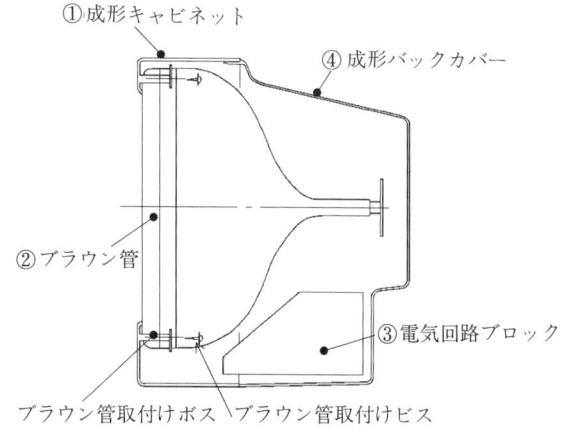

図4.28 テレビの基本構成

本来，テレビの軽量化を考えるならば，最も重いブラウン管の軽量化を検討すべきであるが，ブラウン管は内部が真空であるためにガラスの肉厚が薄いと破損しやすくなる．破損した場合，爆縮現象を生じ破片が周囲に飛び散るなど非常に危険な状態となるため，ガラスの肉厚を削減して軽量化することは安全上困難である．したがって，ブラウン管の次に重たい筐体部品の軽量化が検討されてきている．

さて，36型サイズのフラットワイドテレビであれば，ブラウン管の重量は約60 kgとなり，これは大人一人分に匹敵するほどの重さである．これほどの重さのあるブラウン管をわずか4本のビスにて保持しているのがキャビネットである．したがって，テレビの筐体部品の中で構造面において一番重要な役割を果たしているのがこのキャビネットであるといえるだろう．

テレビのキャビネットは，商品のデザインイメージをユーザーに訴える役割

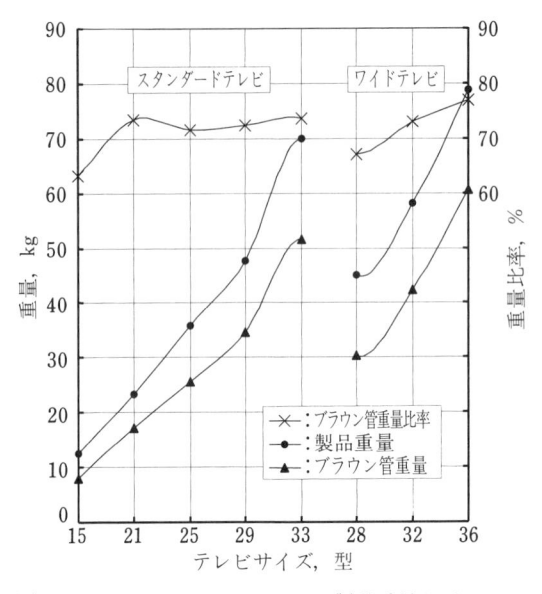

図4.29 フラットテレビにおける製品重量とブラウン管重量との関係

を担う外装筐体であるため，高い外観品質が要求される．また，自重の70％以上を占めるブラウン管を保持する役割をもち，工場で生産されてからユーザーの手元に届くまでに様々な流通経路を経る中で受ける落下衝撃に耐えることはもとより，ユーザーの元で設置後もブラウン管の質量でクリープ変形しない高い剛性も同時に要求される．

このように，デザイン的外装の役割と重量物を支える構造部材の役割の両方を併せもつキャビネットの構造は，他の家電製品にはみられないテレビ独特の構造であるといえる．

4.3.3 テレビにおける軽量化の課題

このように，キャビネットの材料には重量物を支えるうえで高い剛性が要求される．過去，キャビネットの材料には，金属や木材を使用していたが，20年以上前から外観デザイン，品質，生産性，経済性にメリットのある樹脂製が導入されており，現在では一般的である．

しかし，金属や木材に比べて剛性の低い樹脂製筐体で重量物を保持することは難しく，筐体の肉厚や内部の補強リブ構造を工夫することによって剛性が確保されてきている．

こうした中，テレビ軽量化のポイントは，
(1) 重量物を保持する構造部材としての機能
(2) 高い外観品質の確保
(3) 内部に高圧回路をもっているため，安全面における高い難燃性（UL 94-V 0）の確保

の三つをいかに損なわずに実現するかである．

単純に筐体の肉厚を薄くするだけでは，上記のポイントをすべてクリアすることはできない．強度面，外観品質面，安全面を考慮しながらテレビの軽量化を達成しなくてはならないからである．こうした制約の中で，テレビの軽量化は筐体構造面，成形面，材料面に対しての新しい技術開発を併せて行なうことによって達成されてきている．

以下，具体的事例について紹介していく．

4.3.4 従来のキャビネットの構造と成形方法

樹脂製キャビネットは，一般的に射出成形によってつくられており，材料は，強度，外観品質，生産性，コストなどの面で総合的に優れている高衝撃ポリスチレンが一般的に用いられている．

重量物のブラウン管を取り付けるボス部分には，当然強度が必要であるが，ボスの厚みを増すと成形時の体積収縮のために外観にヒケを生じて外観品質が悪くなるため，通常は肉厚を抑えて，周囲をリブで補強する．また，ボスを補強するためのリブも強度を確保するためには太くする必要があるが，同様の問題からリブの肉厚増しには制限がある．このため，従来はボスやリブの形状の改善，材料物性の向上，成形技術の向上によって強度と外観品質を確保してきた（図 4.30）．

ところが，テレビが大画面化し，セット重量が増加したため，33 型以上のテ

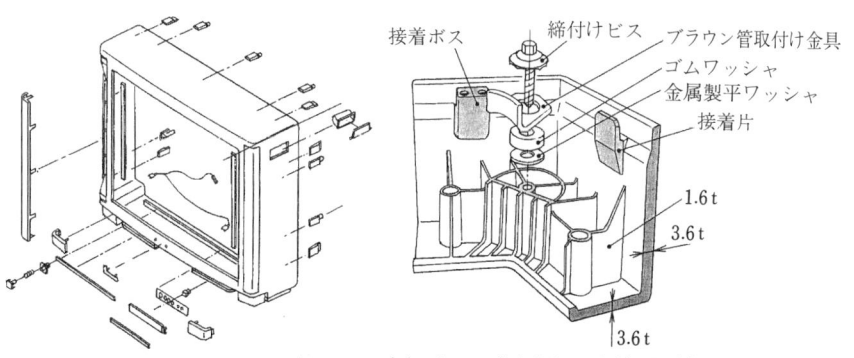

(a) 従来のキャビネットの部品構成（バックカバー取付け用の接着ボスなど，部品点数が多かった）

(b) ブラウン管取付けボス部補強構造（リブは外郭肉厚より薄くしなければ外観にヒケを生じてしまう）

図 4.30　従来のテレビキャビネット

レビでは平均肉厚を 5〜6 mm と，かなり厚肉にして強度アップを図り，これに伴う厚肉化による成形時の体積収縮を補うために，発泡剤入りの樹脂で成形する成形法（CPS）を採用して外観品質を確保してきたが，コストアップとともにキャビネットの重量が大きくなってしまっていた．

4.3.5 偏肉フレーム構造の開発（ガスアシスト成形）

従来のキャビネットでは，キャビネットとバックカバーを固定する接着部品や，ブラウン管の取付け部分でブラウン管とキャビネットの寸法ばらつきを補正するための金属やゴム製のワッシャなど，多くの部品を使用していた（図 4.30）．この構造では，部品点数が多くなり，組立て性が悪くなるだけでなく，リサイクル時に重要なポイントとなる分離分解性も悪かった．そこで，省資源化と合理化のために，軽量化と部品点数の削減が取り組まれ，ブラウン管の取付けボスや補強リブなどのように強度が必要な部位と，必要としない部位の肉厚を変える偏肉設計（図 4.31）によるフレーム構造が考案された．

松下電器では，これを実現するために各種工法を検討し，新工法のガスアシスト成形を樹脂メーカーと共同開発し，1990 年の「画王」シリーズに導入した．このガスアシスト成形は，射出成形時に溶融樹脂の中に高圧ガスを注入し，厚肉部分を中空にする成形方法である．図 4.32 に，ガスアシスト成形のプロセスを示す[10]．

通常の射出成形では，成形時に体積収縮を起こして外観にヒケを生じる．よ

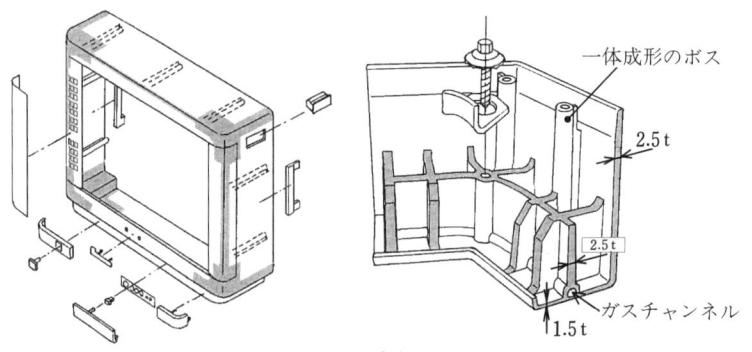

(a) 偏肉フレーム構造のキャビネット構成（灰色部分は厚肉部）

(b) ブラウン管取付けボス部補強構造（ガス保圧によりリブはヒケを気にせず厚肉補強が可能）

図 4.31 ガスアシスト成形による偏肉フレームキャビネット

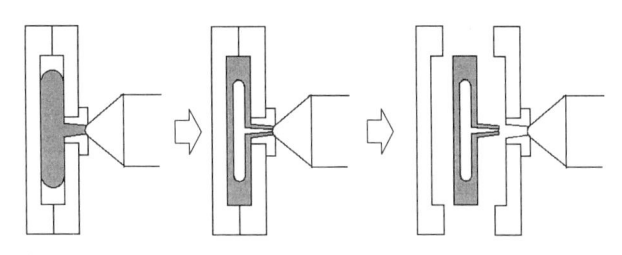

（a）樹脂射出　（b）ガス注入・保圧・冷却　（a）型開・取出し

図4.32　ガスアシスト成形プロセス[10]

って，これを補うために，一般の射出成形では，保圧過程において樹脂を過充てんさせて成形する．一方，ガスアシスト成形では高圧ガスで保持するため，キャビネット偏肉部のヒケを防止することが可能である．さらに，ガスチャンネルを設けることで点在する厚肉部にガスを導くことができるため，偏肉設計の自由度が広がり，極端な偏肉が可能となり，従来別物で接着していた部品をキャビネットと一体で成形することができる．

この偏肉設計により，松下電器の「画王」シリーズの29型においては強度を必要としない部位を従来の3.6mmから2.5mm厚に薄肉化するとともに，部品を一体化することによって部品点数を54％削減し，キャビネット重量を26％軽量化することに成功している．

4.3.6　構造解析技術による限界設計

前記のように，強度を確保しながら薄肉軽量化を図るためにガスアシスト成形を用いた偏肉設計技術を確立した．この技術を用いて，さらに効果的な軽量化を図るためには，強度を確保しながら限界偏肉設計を行なえばよい．

この限界偏肉設計を実現するためには，梱包落下時の衝撃がキャビネットにおいて，どこにどのような応力分布・集中をもち，どこが強度的に弱いか，そのためにどのような補強構造をとる必要があるかを的確に把握することが必要である．そこで，コンピュータによる数値解析技術を適用し，梱包状態のテレビが落下した場合のキャビネットの挙動を構造解析することにより，落下衝撃時にキャビネットに発生する応力分布を理論的に明確にした（図4.33）．また，落下時の各部の動きを解析上でアニメーション評価することによって的確に把握し，リブなどの各構造部材の変位や強度的な役割を分析することによって，

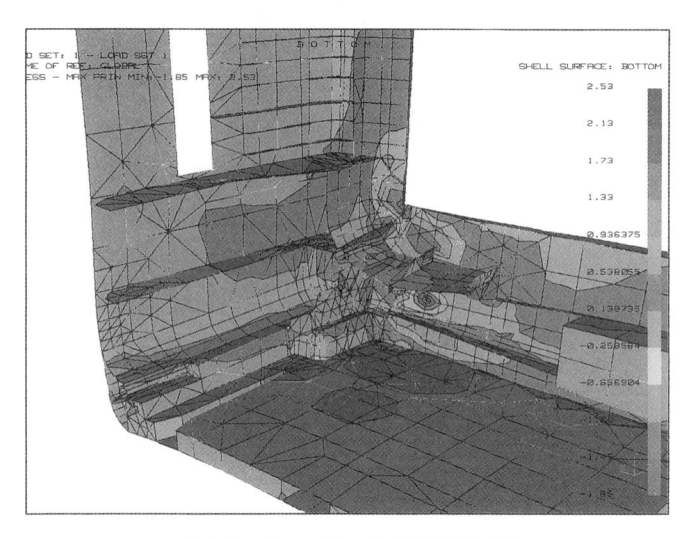

図 4.33 キャビネット構造解析結果

(a) 補強材と厚肉で剛性強化された従来のキャビネット　(b) 構造解析を活用した最適偏肉設計キャビネット

図 4.34 解析を活用した最適偏肉設計による軽量化

補強のためのリブ配置や肉厚を含めた構造の最適化を図り，限界設計を実現させている．

図 4.34 (a) は，従来木製キャビネットであった 36 型ハイビジョンテレビをその後継機においてはじめてオール樹脂化したキャビネットである．筐体の剛

性強化のために,壁面肉厚を発泡成形を用いて 5.0 mm に厚肉化するとともに,ブラウン管取付け部分にはポリスチレンより剛性の高い ABS 樹脂製の補強部材を用いている.さらに,ブラウン管の固定には M 8 のボルト・ナットによる締結方法を採用するなど,コストをかけて筐体の剛性強化を図っていた.

これに対して図 4.34 (b) は,同 36 型の後継機種において,構造解析技術を適用して構造の最適化を図って偏肉設計を行なった結果である(ガスアシスト成形).3.5 mm の壁面肉厚で前機種以上の強度を確保し,ブラウン管取付け部分の ABS 製の補強部材を廃止するとともに,部品の一体化を図って 35 % の軽量化を達成し,ブラウン管の固定も 6 mm 径のセルフタッピングビス化するなど,大幅なコスト合理化も実現している.

4.3.7 材料面からの軽量化(高流動性樹脂の開発)

先にも述べたが,テレビのキャビネットは射出成形でつくられる.射出成形法は,熱可塑性樹脂を高温溶融させて金型内部に高速に注入・充てんし,金型を通して樹脂を冷却・凝固させて成形する成形方法である.

成形材料である熱可塑性樹脂の溶融時粘度は高い温度依存性をもち,ある温度以下では圧力を加えても流れない特性をもつ.すなわち,製品の肉厚が薄すぎる場合,樹脂が早く冷えすぎて充てんできないという問題を生じる.したがって,強度面で限界偏肉設計を実現できても肉厚が薄すぎて成形できない可能性もあり,このため,低温度でも充てんできる超高流動樹脂が必要となった.

一般に,樹脂の流動性は樹脂の分子量を下げて溶融粘度を低下させることで比較的容易に向上させることができるが,逆に樹脂の機械的物性,すなわち剛性は劣化してしまう.しかし,重いブラウン管を支える構造部材としての機能をもつテレビのキャビネットには強度面の問題から剛性が低下する樹脂は使えない.このため,テレビの薄肉軽量化を行なうには,高剛性かつ超高流動性の樹脂の開発が必要不可欠となり,この高剛性・超高流動性の相反する条件を兼ね備えた高流動・高衝撃ポリスチレンが材料メーカーと共同開発されてキャビネットに適用されている.

4.3.8 成形面での最適化

偏肉成形品の成形は,各部の流動抵抗が一様でないため,全体の充てんバランスが取りづらく難しい.これに加え,スピーカの音を出す微細音孔を一体化

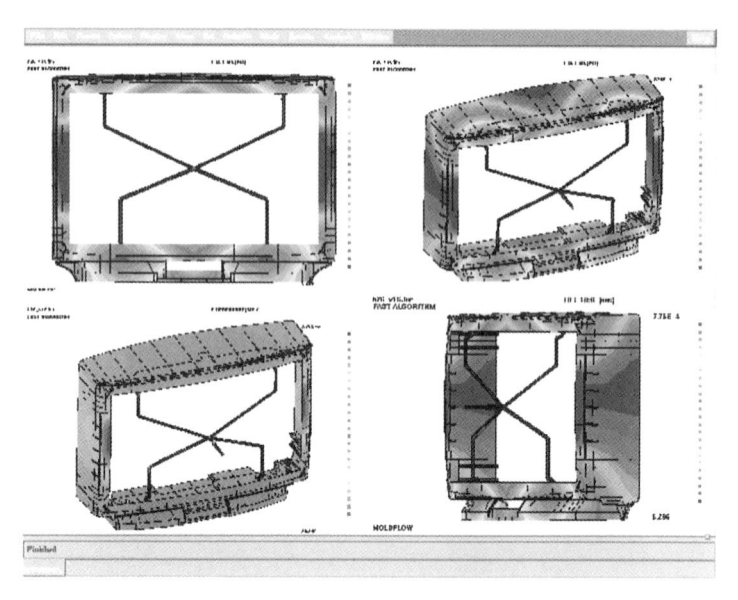

図4.35 キャビネット樹脂流動解析

したキャビネットにおいては，この微細音孔部の充てんが常に成形上の課題となった．

　キャビネット成形時の全体の充てんバランスを考慮しながら，薄肉部分，微細音孔部分をうまく充てんする技術が必要となるため，ゲート位置やゲート点数，基本肉厚，フローリーダとなるリブの形状や配置が，樹脂流動解析（図4.35）や実験を繰り返し実施することにより決定された．さらに，金型温度，射出量，射出圧といった成形条件を高い精度でコントロールするなど，成形面での配慮もキャビネットの薄肉軽量化のポイントとなっている．

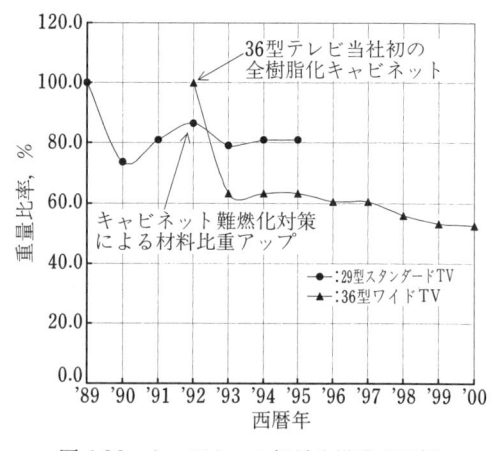

図4.36 キャビネット軽量化推移（比率）

こうした，構造面，材料面，成形面における新技術を1990年の「画王」シリーズで開発・導入し，現在，さらに偏肉設計の精度を向上させて軽量化を進めてきている（図4.36）.

4.3.9 今後の技術展開

前記のテレビの軽量化技術は，今や業界の標準的なものとなり，ほとんどの大型テレビで適用されている．テレビの軽量化は，地球環境保護への対応をさらに積極的に推進するうえにおいて，単に省資源化に向けた使用材料の削減だけではなく，部品の製造，製品の輸送，回収，リサイクル時に消費されるエネルギーの削減にもつながる．したがって，テレビの軽量化は今後ともさらに挑戦し続けなければならない課題である．

そのためには，新規に軽量・高剛性・高流動成形材料や成形技術の開発が必要となる．軽量，高剛性・高流動成形材料については，難燃性，リサイクル性を加味した場合，軽量・高剛性の金属によるメタルキャビネット化も選択肢の一つとなっている．例えば，軽量，リサイクル性に優れたマグネシウム

表4.7 マグネシウム合金[11] とHIPS代表物性値

	AZ91D	V0-HIPS
比重	1.8	1.16
縦弾性係数，GPa	45	2.15
引張強さ，MPa	240	22.5
伸び，%	3	40

合金は，比重（1.8）が従来の難燃高衝撃ポリスチレンの比重（1.16）より約1.6倍も重い反面，縦弾性係数は約21倍，引張強度も11倍もある（表4.7）.

このマグネシウム合金の高い剛性を生かしてテレビの筐体に用いた場合，単純に強度面だけで評価すると，筐体に同等の剛性をもたせるために必要な肉厚は，樹脂製筐体の約1/10以下にすることができる．すると，計算上，重量は約1/6以下となり，理論的には大幅な軽量化を実現することが可能となるはずである.

しかし，マグネシウム合金の成形法の一つであるチクソモールディング成形にて大物成形品を薄肉で成形しようとした場合，現在では成形面で多くの課題があり，単純に実現することはできない．このため，新しい成形技術の開発が必要となるとともに，これまでの筐体構造そのものの見直しも図る必要がある．例えば，図4.37は筐体にマグネシウム合金を採用したテレビの一例であ

図 4.37 マグネシウム合金製筐体を持つテレビ

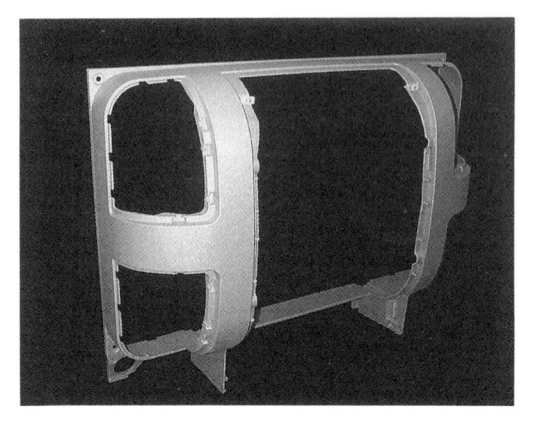

図 4.38 マグネシウム合金製筐体フレーム構造

る．そのキャビネットの基本構造は，強度面，成形面の課題を解決するために，ブラウン管を後ろから保持するという従来のテレビの基本構造とはまったく異なるフレーム構造が開発された（図4.38）．

さらに，筐体材料に樹脂を用いる場合においては，最近では，高い中空率の構造体が得られるブロー成形や低比重な発泡成形などの新たな成形法の開発にも注目が必要であろう．

環境対応に関する規制は，今後さらに厳しくなっていくため，さらに将来を見据えた新しい技術開発への取組みが重要になってくる．このために，コスト的な課題が大きくなる可能性もあるが，さらに新たな技術を向上させるための目標として積極的に取り組んでいく必要がある．

4.4 ビデオカメラの小型・軽量化設計

4.4.1 はじめに

1995年にデジタルビデオカメラ(DVC)が登場して,国内市場は急速にデジタル化へ移行した.その理由は,デジタルの画質のよさと,フォーマットの強みである小型・軽量化で,携帯性がよくなったことが挙げられる.また,2000年に入って,メモリカード機能を取り入れ,高画質静止画記録,動画メール,音楽再生とコンピュータとの親和性がますます高まり,海外市場(欧州,米国)も,より本格的にDVCへの移行が始まった.

AV機器でアナログからデジタルへの移行が加速している中,国内市場ではわずか3年で80%がデジタル商品に置き換わった(2000年には95%がDVC).これは,小型・軽量化を図りながら,高画質,ネットワークへの対応など,社会のニーズを先取りした結果といえる.

その代表的技術は,精密加工技術,高密度実装技術,CCD,液晶,半導体などのデバイス技術である.ここでは,ビデオカメラの小型・軽量化設計の技術進化と,DVCの最新モデルの小型・軽量化設計事例を紹介する.

4.4.2 ビデオカメラの技術の推移

(1) 小型・軽量化の推移

ビデオカメラが,コンパクトタイプとして本格的な普及を始めたのが1985年頃であり,VHS-Cタイプと8mmタイプが登場したことによる.1988年,松下電器が開発したSVHS-Cモデルの「NV-MV1」は,当時の小型化最先端モデルで,本体重量が1kg,容積が3000ccであった.1990年に,新メカニズム,新実装を取り入れた「NV-S1(愛称ブレンビー)」を開発し,本体重量750g,容積1280ccを実現した.VHS-Cモデルとしてはほぼ限界に近い大きさで,1994年頃まではこの大きさでの機能展開で推移した.

1995年になってデジタルビデオカメラ(DVC)を開発した.DVCの1号機は,3CCD方式の性能重視のコンセプトで開発し,本体重量1100g,容積2000ccであった.2号機以降,DVCフォーマットの小型化を生かした小型・軽量化を最優先とした開発を行ない,1996年には,大型液晶付きで本体重量530g,容積600ccの「NV-DE3」を開発し,小型・軽量化を加速させた.そ

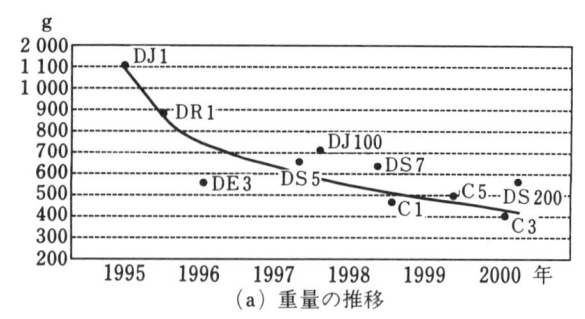

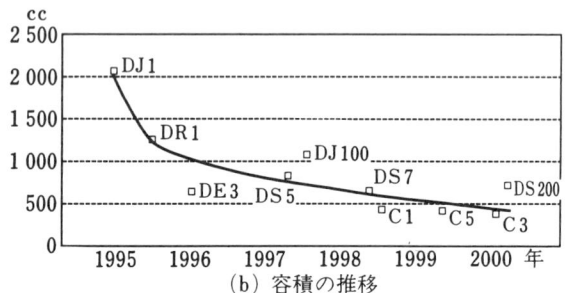

図 4.39 当社のビデオカメラの小型化推移

の後,パームタイプで液晶モニタを自由に回動するタイプが主流となり,翌 97 年にパームタイプで大型液晶付の「NV-DS5」を開発した.

引き続いて,さらに新メカニズム開発,CSP を導入した超高密度実装の導入,新 LSI の開発,レンズの小型化を進め,2000 年には,縦型コンパクトタイプ「NV-C3」で本体重量 400 g,容積 350 cc を実現した.図 4.39 に,デジタルビデオカメラの小型・軽量化推移を示す.

(2) 小型・軽量化を支える主要要素技術の進化

ビデオカメラは多くの要素から構成されている.その主な要素は,メカニズム,レンズ CCD,VTR,カメラの回路技術,高密度実装技術,液晶パネル,EVF,バッテリなどである.回路技術および高密度実装技術の分野では,半導体のプロセスの進化をいち早く取り入れ,LSI の集積化で部品点数の削減,省電力化を図っている.これによって,バッテリの小型化にもつながっている.CCD レンズでは,CCD の微細化技術の進化で,CCD インチサイズを小さくするとともに,レンズの極限小型化を図りレンズの小型化を実現した.これら

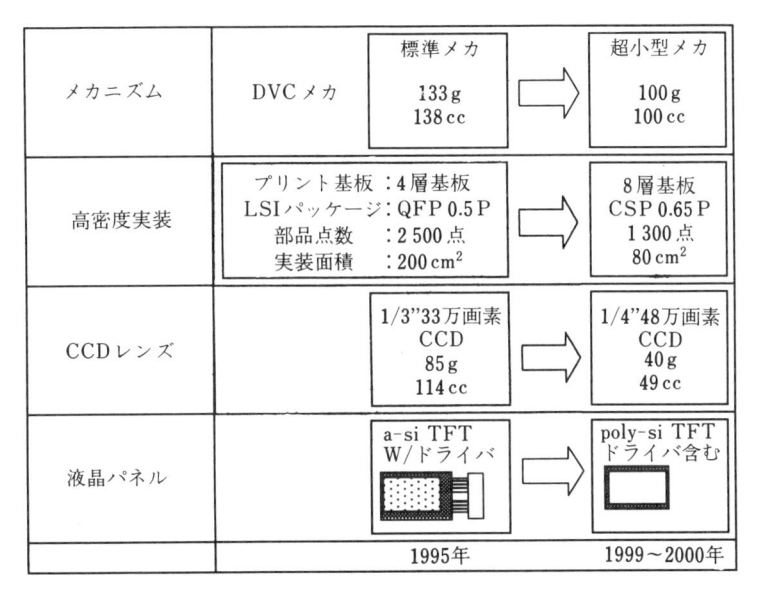

メカニズム	DVCメカ	標準メカ 133 g 138 cc	⇒	超小型メカ 100 g 100 cc
高密度実装		プリント基板：4層基板 LSIパッケージ：QFP 0.5 P 部品点数　　：2 500点 実装面積　　：200 cm²	⇒	8層基板 CSP 0.65 P 1 300点 80 cm²
CCDレンズ		1/3"33万画素 CCD 85 g 114 cc	⇒	1/4"48万画素 CCD 40 g 49 cc
液晶パネル		a-si TFT W/ドライバ	⇒	poly-si TFT ドライバ含む
		1995年		1999〜2000年

図 4.40　DVCの主要要素技術の小型・軽量化の推移

	(1985〜1988年)	(1989〜1990年)	(1999〜2000年)
プリント基板	両面基板 1.0 t	4層薄板基板 0.6 t	8層ビルドアップ基板
CRチップサイズ	1608サイズ	1005サイズ	0603サイズ
半導体パッケージ	QFP 0.8 mmP	QFP 0.5 mmP	CSP 0.65 mmP
半田付け工法	リフロー/ディップ	両面リフロー	両面リフロー
部品点数	約2 300点	約2 000点	約1 500点
P板実装面積	100 %	70 %	30 %

図 4.41　プリント基板実装の進化

は，デバイスのプロセス技術の進化に負うところが大きい．このような毎年毎年の技術の積み重ねが今日のビデオカメラを生んでいる．図 4.40 に，主要要素の小型・軽量化の進化を示す．

また高密度実装では，2000年に入って，ついにチップサイズ（抵抗，コンデンサの大きさ）が0603（0.6 mm × 0.3 mm）が採用され始めた．これより1ランク大きい1005（1.0 mm × 0.5 mm）サイズが初めて採用されてから，ちょうど10年目になる．部品の生産，実装技術にとっても画期的な小型・軽量化技術である．図 4.41 にプリント基板実装の進化を示す．

4.4.3　DVCの小型・軽量化設計事例

ここでは，DVCの代表的な小型モデルである「NV-DS 200」の特長と，各要素で取り組んだ小型・軽量化設計について紹介する．

（1）商品の特長

「NV-DS 200」(図4.42)は，本体重量580 gと軽量でコンパクトサイズながら，高画質でフル機能を備えたデジタルビデオカメラの代表的モデルである．

その主な特長は

図4.42　DVCの小型モデル「NV-DS 200」

① 画質劣化のない，高画質動画撮影をするリニアOISレンズを採用して，手ブレ補正時もCCDの約90%以上を使用し，水平解像度500本という高画質動画撮影を実現した．

② ネートワークを広げるマルチメディアカード対応．付属の4 MBマルチメディアカードに約100枚の静止画記録が可能．

③ 大きくみやすい3.5型広視野角液晶モニタの採用．これまでの液晶モニタの不満を解消する斜めからでもくっきりみやすい広視野角液晶を搭載した．画面は，20万画素，ポリシリコン液晶で，明るく，鮮やかさを実現した．

（2）メカニズム

ミニDVカセットは，外形 $66 \times 48 \times 12$ mmの大きさで標準60分記録できる．従来のアナログ方式に比べて大幅に小型化されている．この小型DVフォーマットの大きなポイントは，

① テープ厚み：$5.5 \sim 7 \mu m$
② テープ幅：6.3 mm
③ 記録トラックピッチ：SP/$10 \mu m$，LP/$6.7 \mu m$
④ 磁性層：金属蒸着(ME)テープ表面には高度な潤滑処理(特殊潤滑材コー

ティング）で，メカニズムにとってはテープの安定走行と小型・高精度化が大きな課題である．

シリンダは直径 $\phi 21.7$（従来の約半分），回転数は 9 000 rpm（従来の約5倍）である．このシリンダユニットは，回転ヘッドをもつ上シリンダと固定の下シリンダの2大部品で構成されており，モータ部，ロータリトランス部および軸受部が内蔵されている．このように小型・高速回転仕様のため，従来の2倍の高精度が要求される．特に，テープ厚みは従来の半分以下で，トラックピッチが極端に狭いので，テープの安定走行が大きなポイントになる．

われわれは，1995年DVCの1号機メカとして，性能，走行性を重要視した1号機メカニズムを開発した．引き続いて1998年により一層の小型化を実現したQメカを開発した．このQメカ開発で取り組んだ小型化設計のポイントを紹介する．

（1）2枚シャシ構造にし，カセット装着後カセットをシリンダ方向に移動させる（移動分外形を小さくできる）．

（2）シリンダを3層構造にし，下層部にリードを設け，中層部を回転体とし，上層部の上部を斜めにカットすることにより，カセットとシリンダの距離を限りなく小さくする．

以上の2点が小型・軽量化の大きなポイントである．

メカニズムの動力伝達用のカム，レバーや構造体としてのシャシ，カセットホルダなどには，肉厚 0.1～1.0 mm の金属部品を多用している．また，さらなる小型化のために，ばね用ステンレス鋼板を多く使用している．この最大の理由は，比強度，比剛性が大きいことである．またシリンダ取付け部，テープ走行系位置決め部，キャプスタン取付け部にはミクロンオーダの精度が必要である．さらに樹脂部品については，クリープ変形などを防ぐため，いわゆるスーパーエンプラと呼ばれる高性能樹脂（PPS, LCP, PEI, PPE など）を採用した．

以上のように，小型化を図りながら，強度，剛性の確保とミクロンオーダの精度の実現を図った．これによりDVCのメカニズムとして，100 g, 100 cc の究極の小型・軽量メカニズムを実現した．図4.43に小型メカニズムとDVテープを示す．

図 4.43　DVC メカニズム / DV ミニカセット

(3) プリント基板実装

DVC の全体の電気部品点数は，代表的モデルで 1 300～1 500 点ある．これだけの部品を約 60 cm^2 程度のプリント基板面積（両面実装で実装面積は×2 で 120 cm^2 になる）に収めないと現在のコンパクトなビデオカメラができない．DVC は，他の携帯機器に比べて部品点数が多いことから，最先端の高密度実装で小型化設計を行なっている（図 4.44 に「NV-DS 200」のメイン実装基板を示す）．

その高密度実装の設計ポイントは，

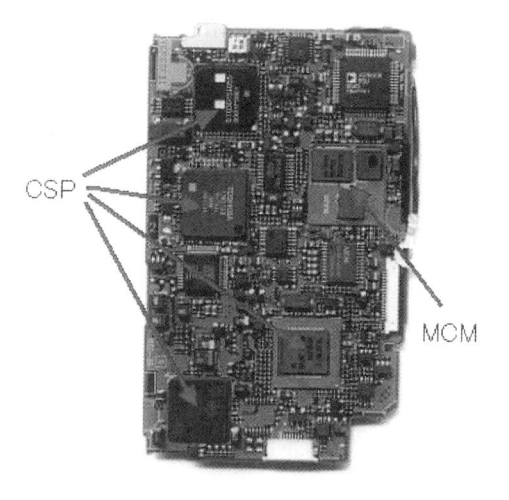

図 4.44　DS 200 メイン実装基板

① LSI の集約化で，部品点数の削減と LSI パッケージの小型化．
② 高密度配線が可能なプリント基板開発．
③ 徹底して部品の小型化を図る．
④ 高密度実装の物づくり技術を確立する．

これらについて代表的な取組み内容を紹介する．

① LSI パッケージ小型化取組み

　LSI パッケージがプリント基板面積に占めている部品の割合が最も高く，パッケージの小型化はプリント基板面積の小型化に直結する．従来からの取組みは QFP のリードピッチを狭くして，同じボディの大きさでピン数をかせぐ手法であった．しかし，そのピッチも，0.8 mm から 0.65 mm，0.5 mm と狭くしてきた．そして 0.5 mm ピッチが量産できるレベルにきて踊り場にさしかかっていた．過去，さらに 0.4 mm，0.3 mm ピッチとトライしてきたが，安定した量産となると大きな壁があった．

　特に，デジタル化と LSI の集約化でピン数はどんどん増える傾向で，200 ピンを越える品種も出てきた．0.5 mm ピッチでは 25 mm□ を越えることになる．実際，回路部のシリコンチップはプロセスの進化で小さくなる方向で，リード線の引出しのためにパッケージが大きくなっていた．従来の延長の技術ではなく，まったく新しい発想でのブレークスルーが求められた．ここで新しく考えられたのが，信号取出しの電極を周辺から引き出すのではなく，底面から格子状に引き出す CSP（チップサイズパッケージ）で，サイズを大幅に小さくできる．

　しかし，幾つかの課題があった．一つは，従来のプリント基板では，配線の引回しができないことである．小径ビアでスルホール配線が可能な新しい基板が必要になった．プリント基板も新しい発想のビルドアップ基板が開発され，多層基板でファインの引回しもできるようになった．

　もう一つの課題は，ハンダ接合部分がブラインドで実装したプリント基板の検査ができないことで，物づくりでの信頼性が確保できないことであった．そ

図 4.45　QFP / CSP パッケージ比較

こで，接合部の検査も電気的に検査するBST（バウンダリスキャンテスト）を開発し，信頼性を確保した．実装品質向上への取組みのスピードが上がり，本格的にCSPがDVCのプリント基板に採用できるようになった．このCSPは最も小型・軽量化の要望の強い携帯電話とともに本格的に採用されてきた（図4.45）．

② 薄板高密度多層プリント基板

DVCに採用しているプリント基板は，8層で厚さ1.0 mmの基板が主流である．1層の厚みが0.12 mmの計算になる．大きさは約80×50 mmで，1 000点以上の部品を実装する．ビアの数は8層全部で約1万穴にもなる．配線とスペースの幅は75 μm/100 μmである．このようなことが実現できる多層基板は，最近高機能基板として注目されているビルドアップ多層基板であり，その構造を図4.46に示す．

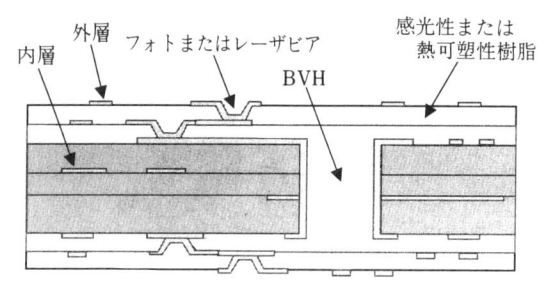

図4.46 ビルドアップ基板の断面構造図

また，設計的にもう一つ重要な要素は8層のパターン設計である．試作後に配線ミスがあっては修理がまったく不可能で，一からつくり直さなければならない．したがって，ミスを発生させないCADシステムを回路図から物づくりまで含めた一貫したシステムとして構築して対応してきた．

③ 高密度実装基板の物づくり

高密度実装基板の物づくりは，両面リフロー工法と呼ばれている工法を採用している．部品は，徹底して小型化を図った表面実装部品（SMD）を用いる．リフロー工法の方法は，まずプリント基板表面の部品のハンダ付け部分に，クリームハンダをメタルマスクを用いて印刷する．その上にマウンタで部品を搭載する．部品はクリームハンダの粘着性で保持される．C, Rのチップ部品からLSIまですべての部品搭載が終わると，リフロー炉を通してクリームハンダを溶かしてハンダ付けする．

この工法のポイントは，部品全体に220～230 ℃のリフロー炉での高熱が数

十秒かかるので,部品はそれに耐える耐熱性が必要になることである.また,両面実装なので,B面リフロー時には先に実装したA面の部品のハンダも溶ける可能性があるため,ハンダが溶けても部品が落下しないような設計をしなければならない.一般的には,部品の質量に対して溶融ハンダの表面張力が大きければ,ハンダが溶けても部品は落下しないので,この原理を活用する.したがって,コネクタなど,落下の危険のある大型部品はB面(2回目リフロー面)に配置する設計にしなければならない.

もう一つのポイントは,1 000点以上の部品を実装したプリント基板が正しく動作するか否かの検査である.検査に対する基本の考え方,特に高密度実装基板は,検査で不良をみつけて修理をする場合簡単にできなので,正しい部品を使って各工程での実装プロセスをきっちり管理して,不良のでない物づくりを行なって,後の検査を極力なくする必要がある.したがって,部品リフロー後の検査には,部品間のショート,接合部のオープン,部品の欠品を高速でチェックするため,レーザを高速でスキャンさせて検査する高速検査機を導入している.また,この検査はインラインで行ない,結果を即マウント工程にフィードバックするシステムを構築して対応した.

(4) 構造・外装設計

① 小型・軽量化のポイント

全体の小型・軽量化を実現するには,メカニズム,レンズ,実装部品などのデバイス以外に,機構・外装ユニットも小型化し,操作性を考慮しながら各ユニットを効率よく配置することが不可欠である.ここでは,「NV‐DS 200」で取り組んだ主要要素2点について紹介する.

② 低背型EVFユニット

ビデオカメラのサイズを視覚的に最も左右するのは製品の全高寸法である.図4.47のように,メカユニットの上部にカメラユニットとEVFユニットを配置した構成をとっているが,画像のみやすさ

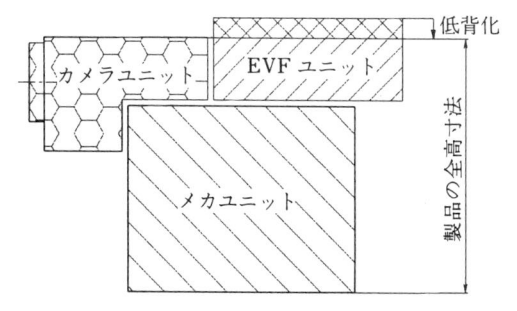

図4.47 ビデオカメラの概略構成

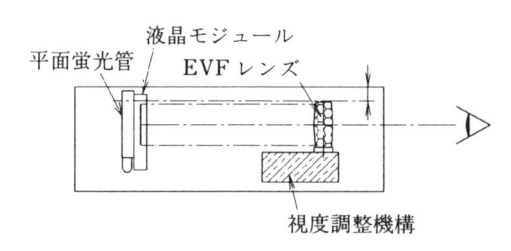

178　第4章　家電・情報機器の設計事例とその技術

図4.48　従来のEVFユニット構成

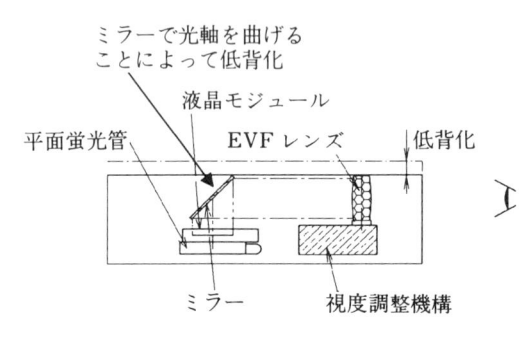

図4.49　低背EVFユニットの構成（概念）

を確保しつつEVFユニットの低背化を図ることが最大の課題である．図4.48は，従来のEVF構成を示す模式図であるが，液晶モジュールや平面蛍光管のサイズが表示範囲に対して大きいため，EVFの全高がこの部分で決定されてしまう．したがって，「小型化の必須条件＝画面表示スペースの最小化」という観点からアプローチした．

様々な試行の結果，途中にミラーを配置して光路を曲げる方式を確立し，必要光路長の確保をするとともに，みやすさを犠牲にすることなく，図4.49に示すように全高を低く抑えることが可能となった．

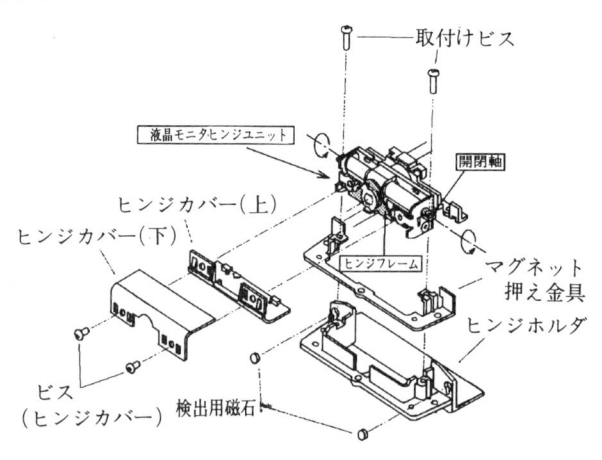

図4.50　液晶ヒンジユニット構成

③ 薄型液晶モニタヒンジユニット

液晶モニタ部の構造面での小型化のポイントは厚みである．液晶モジュール部の薄型化は，液晶板，導光板，蛍光管，トランスなどの小型・薄型化により進化してきた．しかし，これを支える可動支軸部（液晶モニタヒンジユニット）の厚みは，回転・開閉時の強度確保のため薄型化が非常に困難であった．

従来の液晶ヒンジユニットの構成を図4.50に示す．今回，強度を確保したまま液晶ヒンジユニットを小型化できたポイントである「ヒンジフレームの剛性アップ」を説明する．図4.51に示すように，全体の強度を確保する金属板であるヒンジフレームの一部が，従来はⅠ型の断面構造になっており，断面二次モーメントが小さかった．このまま小型化を行なうと必要な剛性が得られなくなるため，断面二次モーメントを大きくする工夫が必要となった．そこで設計を見直した結果，図4.52に示すようにヒンジフレームの形状をU型断面形状に変えることで必要な剛性を確保することが可能となった．

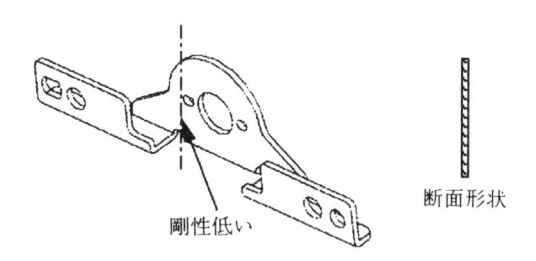

図4.51　従来ヒンジユニット（Ⅰ型断面）

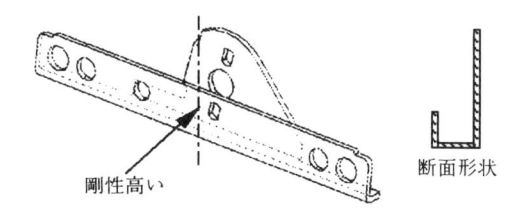

図4.52　新ヒンジフレーム（U型断面）

(5) レンズ鏡筒設計

① 小型・高性能光学系

「NV-DS200」に搭載した光学式手ブレ補正内蔵のズーム光学系を図4.53に示す．ズーム光学系の開発設計においては非球面レンズ技術を駆使した独自の光学設計技術により，当社従来機種と同じ7群10枚（内非球面4面3枚）の構成で光学式手ブレ補正を可能とし，あわせて光学手ブレ補正時の収差変化も最小限に抑えることに成功した．

さらに，徹底した小型化を実現するため有効像円に対するケラレ余裕を最小

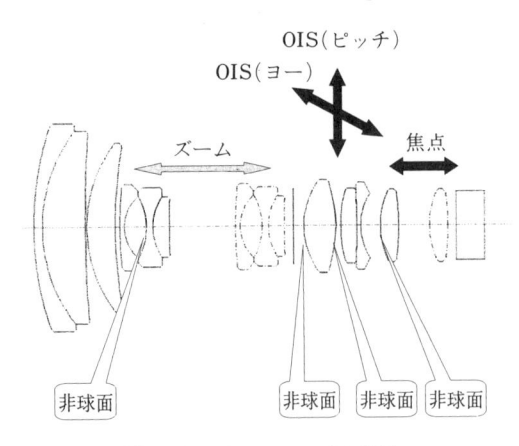

図4.53 ズームレンズ光学系

限とし，レンズ有効径の小径化に取り組んだ．そして，ケラレ余裕はCCD組立て時に撮像面中心をレンズ光軸に対して±50μm以内の位置精度に合わせ込むことによって確保した．

硝材についても軽量化を熟慮した選定を行ない，鏡頭部アクチェータの小型・低電力化を可能とした．そして，12倍の高倍率と水平解像度500TV本の高性能をコンパクトな光学系で実現した．

手ブレ補正方式は，手ブレ量に応じて光学系内の補正レンズ群を光軸に対して垂直方向に移動させることにより入射光軸を折り曲げて像ブレを補正するインナーシフト方式（OIS）を採用し，レンズ鏡筒全体の小型・軽量化を可能とした．

② 超小型レンズ鏡筒

レンズ鏡筒設計は，三次元CADシステムを用いて行ない，各種シミュレーションの活用によって小型・軽量化と要求基本特性の両立を図った．三次元CADの設計データは全体構成やデザイン検討に適用し，ビデオカメラ全体の小型・軽量化に貢献した．また，データは金型設計にも用い，金型製作期間の短縮を図った．

本レンズ鏡筒には，オートフォーカス，オートアイリスのための各アクチェータに加え，瞬速電動ズーム機能，インナーシフト方式の光学手ブレ補正を実現するため，合計5個のアクチェータとそれを高速かつ高精度に制御するためのセンサが6個搭載されている．

センサには小型かつ低コストな磁気抵抗素子（MRセンサ：磁気の変化を検出する素子）が3個含まれている．しかしながら，これらを単に小型化を優先して配置するだけでは，各アクチェータのマグネットからの漏洩磁束の影響により，MRセンサ出力が不安定になるという問題が発生する．

この問題を解決するには，MRセンサの磁界感度特性に着目し，シミュレーションによる磁場解析システムを開発し，各アクチェータからの漏洩磁束を互いにキャンセルできる位置にMRセンサを配置する最適構成を開発した（図4.54）．

その結果，MRセンサの安定した出力を確保しつつ，各アクチェータおよびセンサの高密度配置を可能とし，光学式手ブレ補正機能および瞬速0.3秒の電動ズームを搭載しながら，大幅なレンズ鏡筒の小型化を実現した（体積：65 cc，51 g）．

本開発のズームレンズ鏡筒を図4.55に示す．

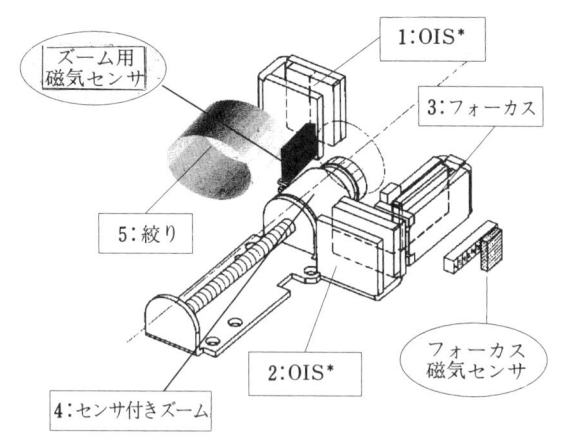

図4.54 アクチュエータ，センサ小型化構成

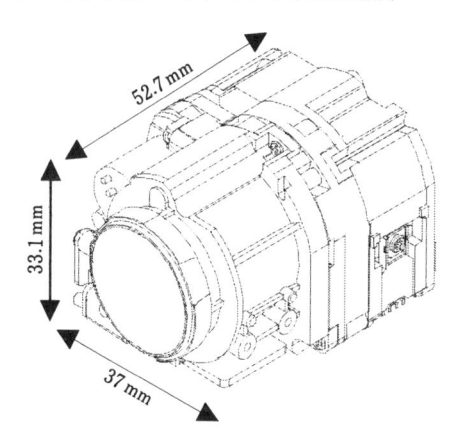

図4.55 ズームレンズ鏡筒外形

(6) 省電力設計

デジタルビデオカメラの消費電力は，携帯機器では大きい方で，現在4〜5Wある．これは，メカニズムの駆動や，電気回路がカメラ，VTR，液晶モニタ，メモリカード機能など，回路規模が大きいことによる．特に，液晶画面が大型化してバックライト照明が大きくなっていることや，高画質化でクロック周波数が高くなっていることで消費電力が増える傾向にある．機器の小型・軽量化と十分な録画時間の確保から省電力化は必須である．数年前は，6〜7Wあったが，機能を増やしながら電力削減をしなければならないターゲットに挑戦していった．

電力削減のキーポイントはLSI電源の低電圧化である．半導体プロセスの進

化で電力削減も大きく進化している．従来，マイコン，DSP などの駆動電圧は 5 V で，使用プロセスは 0.33 μm が標準であった．まず低電圧化として，3.3 V 駆動，0.25 μm プロセスへの取組みを行なった．また，マイコン，メモリ，DSP など，種々のタイプの LSI を歩調を合わせて取り組まないと，電源回路の効率が悪くなり，あまり低減できない．今後さらに 0.13〜0.18 μm プロセスを使用し 2.5 V から 1.8 V まで低電圧化および統合化を実現し 3 W の電力も実現されるであろう．

(7) 液晶モニタ設計

液晶モニタ部の小型・軽量化設計の取組みは，大型液晶を使って額縁を小さくして，外装ケースに対して液晶画面を最大限大きくみせ，全体を薄型設計でデザイン性と使い勝手をよくすることにある．具体的には，液晶には 3.5 型で 20 万画素低温ポリシリコンを採用して狭額縁設計とし，厚みはガラスを限界まで薄く (1.0→0.7 mm 上下 2 枚共) することと，バックライトの薄型化，細管ランプとエッジ照明を利用した薄型反射板構成で小型・軽量化を図った．内部回路の取組みは，圧電素子の薄型バックライトインバータの採用，回路の 1 チップ化の取組みを行なった．実装基板の配置は，薄型部品を採用して，反射板の後面に配置することで実現した．

(8) バッテリ

現在ビデオカメラの主バッテリは，充電式のリチウム二次電池である．仕様は専用のパック電池方式で，標準タイプと，標準セルを複数個パックにした大容量タイプを用意して，ユーザーの電池消耗時間への不満を解消している．

リチウム二次電池の特長は，

(1) 小型大容量で体積効率が最もよい
(2) 充電した電池を放置しても放電していかないのですぐ使える．また，完全放電しない状態で充電を繰り返しても容量劣化しない．

など，二次電池として優れた特性をもっている．

リチウム電池の基準電圧は 3.6 V であるので，ビデオカメラの標準的な使い方は，2 個を直列接続して 7.2 V で効率を重視した使い方をしている．今後，リチウムポリマー電池など，小型・薄型・高容量電池による小型・軽量化を進めていく予定である．

4.4.4 おわりに

最新のデジタルビデオカメラの小型・軽量化設計についてその概要を述べた．DVCは，超精密機械加工，超高密度実装技術の面で最先端の小型・軽量化技術の代表例である．しかしながら，技術進化が速く，21世紀には記録媒体がテープからディスク，半導体メモリへと進化することが予想される．今後は，必要な技術がどんどん変化し，新しい技術が生まれてくる．新技術の先取りとスピード開発に常に挑戦しながら，デジタルネットワーク時代に提案できる商品開発の積極展開が望まれる．

4.5 携帯電話の軽量化設計

4.5.1 はじめに

IT時代の牽引役として携帯電話が急速に普及している．携帯電話は，1990年代に可搬性を向上させるための徹底的な小型・軽量化が行なわれた．現在では，iモードをはじめとする情報端末機能の充実が主要な開発課題であり，高精細大画面表示，メモリ容量の増大，高性能CPUの搭載などが行なわれている．

ヒューマンインターフェースに関する機能付与は，携帯電話の小型・軽量化と逆行することになるため，軽量化の課題は永遠に続く．2001年4月からは，世界中で使用が可能で，動画がリアルタイムで通信できる W-CDMA* (IMT**2000) の運用が日本国内においても開始され，次世代機種を対象とした小型・軽量化競争が世界的に開始される．

4.5.2 携帯電話の動向

携帯電話の国内契約者数の推移を図4.56に示すが，2000年8月には6000万を越え，国民2人に1人が携帯電話をもつようになり，既に加入電話の契約者数を逆転している．2005年度末の国内契約者数の予想は，7900万を越えることが予測されている．図4.57は世界における携帯電話の普及率を示すが，フィンランドの66％をはじめ，北欧が高い比率を示す．アジアにおいても，台湾や韓国では，日本国内を上回る普及率を示している．図では表示していな

---

* W-CDMA : Wideband-Code Division Multiple Access
** IMT : International Mobile Telecommunication Systems

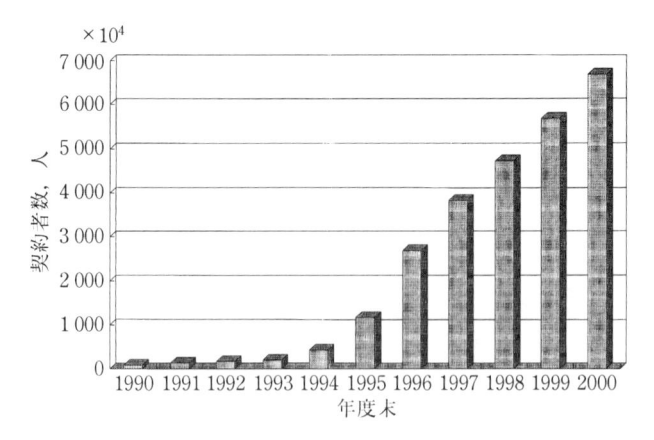

図 4.56　モバイル通信の契約者数推移（携帯，自動車電話，PHS）

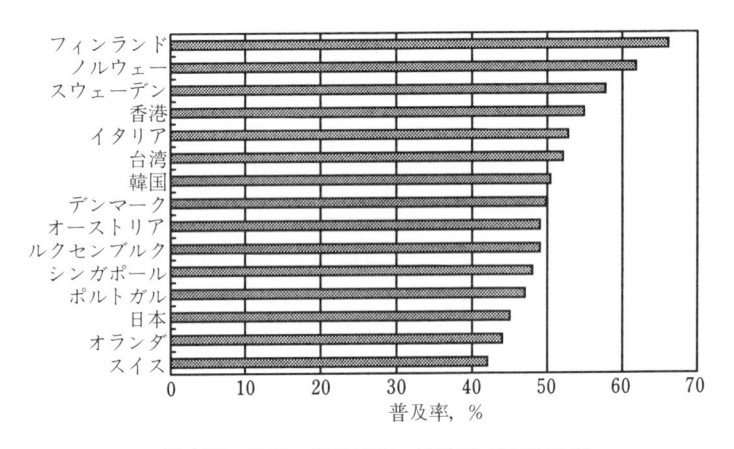

図 4.57　世界の携帯電話の普及率（1999 年末）

いが，現在爆発的に普及している中国の携帯電話普及率は 3～4 % であり，人口からみても，今後世界で最も大きな契約数の増加が見込まれている．携帯電話は，無線基地局の設置により広範囲な通信が可能であり，膨大なインフラ整備が必要な加入系に代わって，発展途上国での急速な普及が予測されている．

携帯電話は 2001 年 4 月から W-CDMA（IMT 2000）と呼ばれる次世代のサービスが開始されている．次世代携帯電話は，伝送速度が高速化され高精細大画面で動画がリアルタイムで表示できる．また，今までは伝送方式が異なるため，国や地域ごとに仕様の異なる携帯電話を必要としていたが，次世代の携

帯電話は世界中のどこにいても使えるようになる．技術や製造の面から次世代携帯電話をみると，世界競争の時代に突入することになる．

世界で性能的にもコスト的にも競争できる携帯電話の開発が，現在の最重要課題である．

4.5.3 携帯電話の軽量化の動向

携帯電話の容積と重量の推移を図4.58に示す．1985年頃に，600 cc，900 g近くあった携帯電話は1990年に入ると250 cc，200 gに小型・軽量化され，現在では最も軽い機種で60 cc，60 g弱となっている．携帯電話の小型・軽量化では，実装部品の小型化，ICのULSI化，基板の多層化などにより，部品実装基板の容積，重量が大幅に減少した．これに伴い，ハウジングやケースの小型・薄型化も急速に進んだ．リチウムイオン電池などの二次電池の高性能化も携帯電話の小型・軽量化に大きく寄与している．

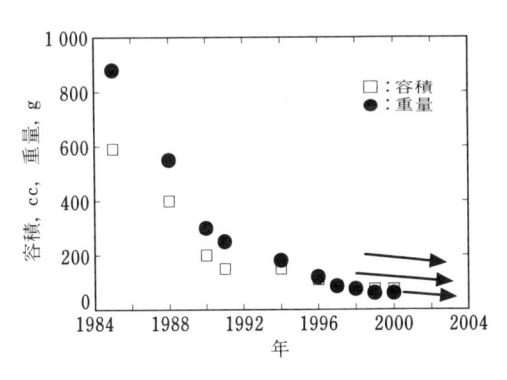

図4.58 携帯電話の容積と重量の推移

iモードの普及に伴い，携帯電話も音声通信からe-mailやインターネット接続など，携帯情報端末の機能付与が急増している．画面への表示情報もテキスト（文字）からグラフィック（画像）へと代わり，表示色も白黒からカラーへと移りつつある．

一方，これらの情報量の増大は，表示画面の大型化と搭載メモリの増加をもたらし，小型・軽量化と逆行する．特に，表示画面サイズの増大は重量の増加に直結する．

表4.8は，携帯電話の機能別重量構成比率の推移を示している[12]が，今まで

表4.8 携帯電話の質量構成 [12]

	96年	97年	98年
機構部品	28 %	32 %	37 %
電機機構部品	20 %	20 %	16 %
基板実装関連	26 %	20 %	18 %
電池	26 %	28 %	29 %
質量	120 g	93 g	77 g

は，表示部を含む機構部品の比率は減少傾向にあったが，今後は表示部の比率が増加する．

（1）軽量化技術

携帯電話の今までの軽量化への取組みを表4.9にまとめる．部品・デバイスの高機能化や高集積化により，また基板搭載部品が小型・軽量化されることにより，携帯電話の構成部品の小型・軽量化が進んでいる．

部品・デバイスを実装する多層基板ではIVH（Inner Via Hall）を組み込んだ多層基板（図4.59）の開発により，基板表面の部品実装率が飛躍的に向上し，小型・軽量化に大きく貢献している．従来のスルーホール（貫通孔）を多用した多層基板（図4.60）では，スルーホールとスルーホールへの配線が表面積のかなりの部分を占め，高密度実装への障害となっていた．IVH基板は，基板内層間の配線が自由に行なうことができることから，基板表面は部品実装専用に使用することができる．

IVH基板では，有機（樹脂）材料を絶縁層やビアホールに多用していることが特徴である．

（2）ハウジング

ハウジング（筐体）は，

表4.9　軽量化への主要なアプローチ

(1) ハウジング（筐体）の薄肉化
(2) 低密度材料の採用
　　エンプラ→汎用樹脂（AXS樹脂）
　　熱硬化性樹脂→熱可塑性樹脂
　　ゴム→エラストマー
　　鉄→非鉄金属
　　セラミックス→樹脂
(3) 液晶表示パネルの軽量化
　　ガラスの基板の薄肉化
　　ガラスの基板→プラスチックの基板
(4) 高密度実装
　　高集積ASIC，専門LSIの適用
　　IVH（フィルム）多層基板
(5) 電池の高性能化（大容量化）
　　Liポリマー電池
(6) アンテナの小型化
　　MID（立体回路成形基板）の適用

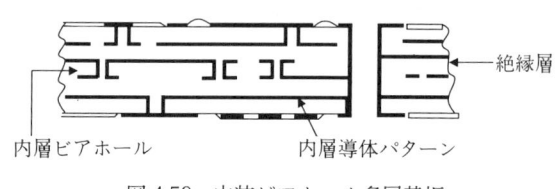

図4.59　内装ビアホール多層基板

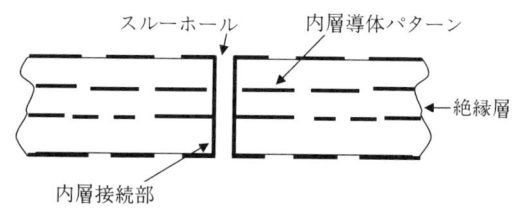

図4.60　スルーホール基板

4.5 携帯電話の軽量化設計

最も面積の大きな部品であり，表 4.8[12)] に示したように携帯電話全体の 20〜25％ を占めてきた．ハウジングの軽量化は，材料と成形技術の両面から行なわれてきた．現在，携帯電話のハウジングは，樹脂（プラスチック）が大部分を占め，一部に金属（マグネシウム合金：Mg 合金）が使用されている．

ハウジング材料の変遷を図 4.61 にまとめるが，全体の重量が大きかった頃のハウジングには，構造剛性を確保し耐衝撃性を満足させるために，弾性率の高い繊維強化プラスチックが使用された．強化繊維としては，比弾性率，比強度に優れた炭素繊維が主に使用された．軽量化が進むと，成形性と機械的特性のバランスに優れたエンジニアリングプラスチック（エンプラ）やエンプラと汎用プラスチックのアロイ材料に代替された．軽量化が進んだ最近では，ABS 樹脂などの汎用プラスチックが採用されている．なお，プラスチックハウジングでは，剛性，形状精度，意匠性が要求されるため，PC，ABS などの非晶性（ガラス状）プラスチックが使用される．

非強化非晶性エンプラ
↓
炭素繊維強化非晶性エンプラ
↓
炭素繊維強化非晶性エンプラアロイ
↓
非晶性エンプラ
非晶性エンプラアロイ
↓
汎用プラスチック
汎用プラスチック／エンプラアロイ
↓
Mg 合金
透明ナイロン（欧州）
繊維強化非晶性エンプラ／汎用プラスチックアロイ
繊維強化結晶性エンプラ
汎用プラスチック（AXS 系樹脂）

図 4.61　携帯電話ハウジング材料の変遷

プラスチック成形技術の向上も，ハウジングの軽量化に大きく寄与している．現在のハウジング板厚は 1 mm 以下であり，薄肉成形に対する金型設計技術と高精度な金型加工技術および最近の電動射出成形機の開発により，成形安定性が大きく向上した．特に，電動射出成形機の登場は，成形サイクルの再現性を大幅に向上させた．

新しいハウジング材料として，表示側および操作側のハウジングを中心に Mg 合金の採用が増加している．プラスチックハウジングでは，剛性と樹脂の流動性の制約から 0.6〜0.7 mm が薄肉化の限界となる．最近では，表示部の大面積化により開口部面積が増大し，高い剛性が要求されているため，汎用プラ

表4.10 Mg合金と他材料との比較

材料名	比重, g/cc	融点, ℃	熱伝導率, W/(m·K)	引張強度, MPa	伸び, %	比強度	ヤング率, GPa
Mg合金 AZ91	1.82	596	72	230	3	154	45
Al合金 380	2.70	596	100	315	3	106	781
鉄鋼（炭素鋼）	7.86	1520	42	517	22	80	200
プラスチック（ABS）	1.05	90 (Tg)	0.2	35	40	41	2.1
プラスチック（PC）	1.21	100 (Tg)	0.2	104	3	102	6.7

スチックでは薄肉化の要求を満足することができなくなりつつある.

　Mg合金は，比重が約1.8と実用金属中で最も軽く，薄肉流動性にも優れている．プラスチックの射出成形と同様のプロセスを用いて，Mg合金を半溶融状態で高速射出するチクソモールディングは，半溶融状態でのチクソ性を活かして超高速で射出することにより0.5 mm以下の薄肉成形を実現している．また，従来からのダイキャスト技術も適用されている．

　表4.10に，代表的なハウジング材料の機械的特性を比較して示すが，Mg合金は同じ曲げ剛性を薄く軽く実現することが可能である．

　Mg合金の課題は，成形（成型）の安定性，成形後の後加工，耐食性である．チクソモールディング法では，半溶融状態で超高速成形を行なうため，実際の成形状態のわずかな変動も成形品特性に影響を与え，安定した成形の確保が課題である．また，成形条件により固相率も変化するため，成形品評価では注意が必要となる．ダイキャスト成形では，通常「巣」と呼ばれる低密度部の除去が課題である．薄肉成形では，リブなどの流動末端部の形状と特性の確保が特に重要となる．

　Mg合金の成形加工で，作業的にもコスト的にも大きな比率を占めるのが，後加工と防食処理（塗装）である．Mg合金の成形では，バリの発生を防止することは，非常に困難であり，バリ取り作業が伴う．また，Mgはイオン化傾向が大きく，錆びやすい材料であるため，防錆処理は不可欠である．実績のある防錆処理としてクロメート処理があるが，処理液の環境負荷性の問題から，非

クロメート処理への期待が大きい．無機/有機の両面から防錆剤の開発が行なわれている．

(3) 表示部(液晶パネル)

携帯電話の表示は，液晶パネルにより行なわれ，現在は STN (Super Twist Nematic) 型の液晶が主に用いられている．表示部の構成を図 4.62 に示すが，重量構成で高い比率を示すのが，液晶パネルのガラス基板と液晶パネルを保護するプラスチック窓およびバックパネルの導光板(透過型)である．

液晶パネルに使用されるガラス基板は，従来 0.7 mm 厚さが使用されていたが，最近では 0.4 mm の基板となり，重量が大幅に減少した．また，一部の機種では，プラスチックフィルムを基板に使用した液晶パネル(図 4.63)が使用されている．プラスチック液晶パネルは，軽量化とともにガラス基板の弱点である耐衝撃性に優れる利点がある．基板として最も重要な性能は，複屈折などの光学異方性と表面平滑性である．一方，信頼性を確保するためには，空気や湿度の透過を抑え，傷つきを防止するためのハードコートが必要となる．製造プロセス中に加わる各種ストレスにも耐え

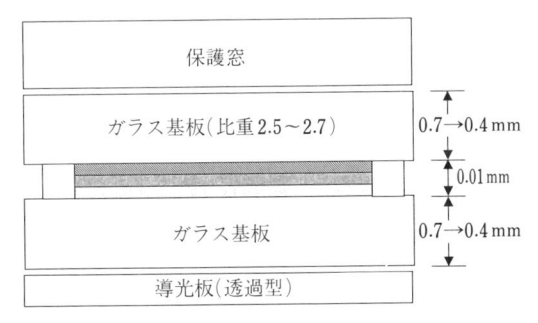

図 4.62 携帯電話表示パネル部の構造

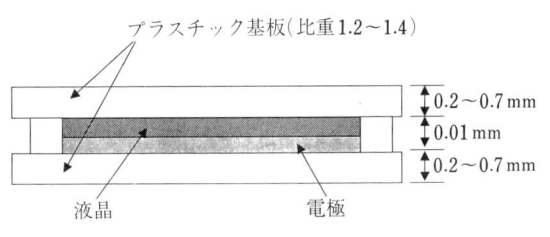

図 4.63 プラスチック液晶パネルの構造

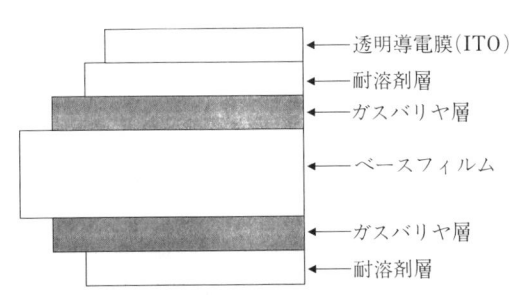

図 4.64 プラスチック基板の層構成 (ITO 膜付き)

る必要があり，透明電極を形成するためのITO (Indium Tin Oxide) 成膜温度，各種溶媒に耐えなければならない．図4.64に代表的なプラスチック基板の構成を示す．

　プラスチック液晶パネルは，軽量化に加え曲面パネル化など，ガラス基板にない特徴をもつが，性能，信頼性の確保とコスト低減が今後の課題である．

　（4）電　池

　携帯電話に使用される電池は，リチウムイオン電池が主に使われている．最近では，ポリマーリチウムイオン電池が小型・軽量化の観点から注目されている．ポリマーリチウムイオン電池は，従来の電解液に代えてポリマー固体電解質，あるいはポリマーゲル電解質を用い，液漏れの起こりにくい電池である．

　従来のリチウムイオン電池は，電極間の形状を維持し，液漏れを防止するために金属製の密閉容器が必要であり，薄型化や軽量化の制約となっていた．ポリマーリチウムイオン電池では，形状保持が必要でなくなるため，密閉性に優れたラミネートフィルムなどで容器の製造が可能となり，薄型軽量化できることから，今後使用量の増加が予想される．

4.5.4　携帯電話軽量化の技術課題

　次世代携帯電話で情報伝送容量が増加し，高精細大画面で情報を表示するようになると，携帯電話は大型化し，重量も増加する．特に，表示部の重量増加が課題となる．

　携帯電話の今後の傾向は，サイズ的にみると，次の三つに分類できる．

（1）PDC (Personal Digital Cellular)
（2）次世代携帯電話
（3）PDA (Personal Data Assistant)

　PDCは，現在の携帯電話の延長であり，e-mail機能などが付与されるものの，現在のサイズをほぼ維持すると予想される．

　次世代の携帯電話は，表示情報量を増加させるため画面が大きくなり，特に幅が増加すると予測される．人間が現在の携帯電話と同様に携帯電話内蔵のスピーカとマイクを使用するためには，手のサイズから幅が約80 mm以下に制限される．

　PDAでは，さらに画面サイズが大きくなるため，縦型パネルに加えて，横型

パネルも採用される．インターフェースがキー入力であると横型，手書き入力であると縦型が採用される傾向にある．

(1) 実装基板

実装基板では，IVHに加えて部品を内蔵した多層基板が搭載されることが予測される．コンピュータなどの多層基板ではデカップリングコンデンサの内蔵などが行なわれているが，携帯電話においても抵抗やキャパシタなどの受動部品を内蔵した基板の開発が既に進んでいる．将来的には，数十μmのファインパターンが可能な感光性絶縁層やレーザ穴あけビアを用いたビルドアップ多層基板（図4.65）により，超高集積が進むことが予測される．

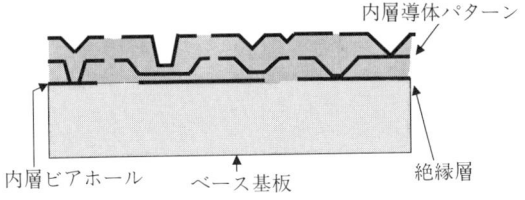

図 4.65 ビルドアップ多層基板

搭載されるデバイスも高集積化が進み，チップサイズが減少するとともに，パッケージもCSP（Chip Size Package：図4.66）と呼ばれる多ピン狭ピッチのコンパクトパッケージが中心となる．

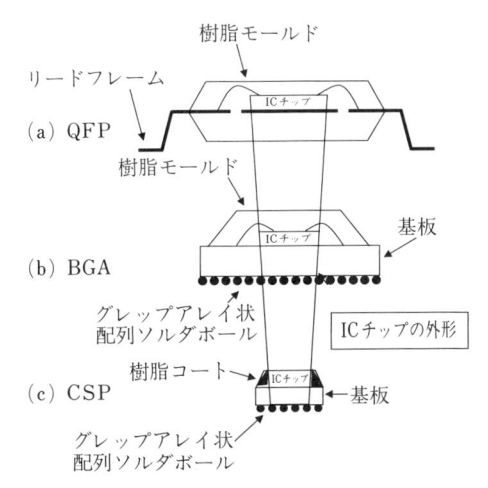

図 4.66 QFP，BGA，CSPパッケージとチップサイズ

(2) ハウジング

ハウジングでは，プラスチックとMg合金の使い分けが行なわれると予測される．PDCでは，現状と同様のプラスチック材料がコストパーフォマンスに優れていることから中心となる．使用される材料としては，日本国内ではスチレン系樹脂が中心になると考えられるが，海外では非晶質ナイロンが一部に採用され始めた．

ハウジング材料の要求スペックとして，落下衝撃に対して，自らが破損する

ことなく内部の基板や部品へのダメージを低減することが求められる．スチレン系樹脂ではハウジング自体の破損が，またMg合金では内蔵部品へのダメージが問題となる．非晶質ナイロンは，比重が軽く靭性に優れることから，携帯電話の耐落下衝撃性を大幅に向上させる．現在は，スチレン系樹脂に比較して価格が高いが，低価格化が進むと適用が拡大すると予想される．

Mg合金は，比剛性に加えて電磁波シールド性や熱伝導性に優れるため，次世代携帯電話やPDAで採用が増加することが予測される．モバイルコンピュータでも樹脂からMg合金への代替が行なわれたが，表示パネル部では比剛性が，またCPU搭載キーボード部ではCPU冷却の放熱が採用理由となっている．同様に，高性能CPUを搭載する次世代携帯電話やPDAでは，比剛性と放熱性が両立できるMg合金（金属）の採用が増加する可能性がある．

（3）表示パネル

プラスチック基板を採用した表示パネルが一部で採用されているが，高精細大画面カラー化に対応するには，さらに開発を待つ必要がある．動画対応では，表示速度に優れたTFT（Thin Flat Transistor）方式が主流になる．TFTでは，駆動回路の重量・体積の削減が大きな課題である．

（4）MID

携帯電話の小型・軽量化を実現する技術として，MID（Molded Interconnect Device）が期待されている．MIDは，三次元の成形品上に配線パターンを形成し，実装密度を向上させる技術であり，携帯電話の内部アンテナ[13]やバッテリコネクタ[14]に採用されている．図4.67，図4.68は，MIDが適用された内蔵アンテナであり，図4.69の従来アンテナに比べて部品点数が大幅に削減され，性能の精度が大きく向上している．バッテリコネクタの適用で

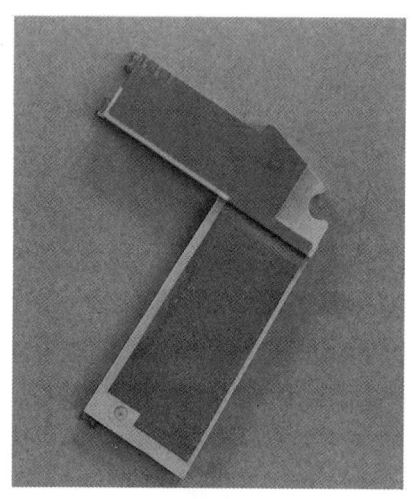

図4.67　MID内蔵アンテナ

は，① 複雑な三次元回路パターン，② 軽量化，③ 低コスト化の実現が紹介されている．

MID に適用される樹脂は，液晶ポリマー（LCP），PPS 樹脂，芳香族ナイロン樹脂など耐熱性（ハンダ耐熱性），めっき性，成形性（流動性）に優れる樹脂である．LCP や PPS は，次世代の携帯電話の使用周波数である GHz 領域の誘電損失が小さいため，高周波用のコネクタ材料としても期待されている．また，高誘電率フィラーを高充てんした LCP や PPS は，キャパシタ材料として，アンテナ部品の小型化が実現できる材料として注目されている．

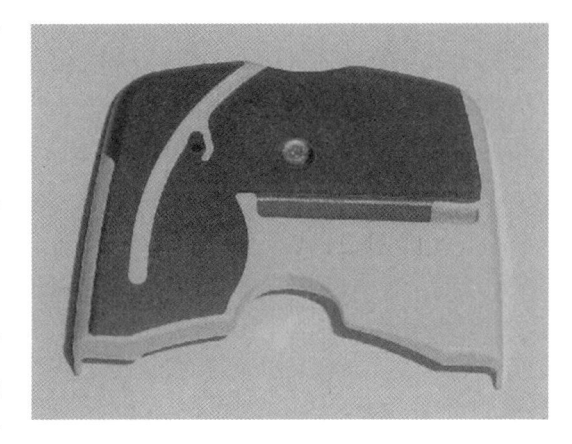

図 4.68　MID 内蔵アンテナ（GSM 機種）

図 4.69　板金組立て内蔵アンテナ

今後，携帯電話の高機能化と軽量化を実現するためには，すべての部品がデバイスとしての機能をもつことが必要となり，MID 技術への期待が大きい．

(5) 今後の軽量化技術

携帯電話の軽量化に対しては，表 4.9 に示したような地道で継続的な技術開発が行なわれてきた．個々の構成部品の形状（特に厚さ），重量について，μm，mg の目標管理のもとで，製品デザイン，設計技術，材料技術，製造技術，信頼性評価技術などの総合化により実現されている．

① 生産（量産）性

　携帯電話など情報通信機器の生産において，市場の需要を満足する生産性（量産性）の確保が重要となる．IT時代の先端を行く携帯電話は，機能化・高性能化が急速に進んでいるため，新しい機能が追加された製品に対して，市場の需要は集中する．この集中需要に対して，十分な供給を行なうためには，100万台/月の生産能力が必要となる．単純に計算すると1カ月は約250万秒であることから，2.5秒のサイクルで製品の製造が可能なライン（数）が必要となる．

　例えば，Mg合金の新しい成形法として注目を集めているチクソ成形機の日本国内の普及台数は約160台である．もし，携帯電話の全機種がチクソ成形を採用したとしたら，成形機を全数導入しても数量が確保できないことになる．

　部品レベルで生産能力を考えると，先端商品の開発では性能や機能に優れた部品の寡占化が世界中で起こりやすくなるため，世界需要に応えるためには1000万台/月以上の生産能力が必要となる．携帯電話および搭載部品の製造ラインは，これらの量産性を満足しなければならない．

② 環境問題への対応

　携帯電話は，高機能化が短期間で進むため，ライフサイクルが短く，膨大な数量が市場に出荷されている．大量生産製品である自動車，家電品，事務機器では，循環型社会を実現するため，製品の3R（Reduce, Reuse, Recycle）が最重要課題となっている．携帯電話においても，今後廃製品処理や3Rが大きな課題である．3Rを実現するためには，数世代のライフサイクルを見越した部品設計や材料選択が不可欠である．材料のリサイクルを実現しようとした場合，最も使用量の大きなハウジング材料では，現在塗装が行なわれているが，リサイクル時には塗料が異物として作用し，物性の低下や外観不良を招く．今後は，樹脂と相溶する塗料の採用や，塗装を用いない高意匠の外観形成技術の開発が必要となる．また，熱硬化性樹脂，加硫ゴムに代えて，リサイクルしやすい熱可塑性樹脂，エラストマーへの代替なども重要となる．

　環境問題では，有害物質の使用禁止やLCA（Life Cycle Assessment）を用いた定量的で継続的な環境負荷低減が求められる．

　有害物質の排除では，将来的な法的規制の候補である重金属である鉛や樹脂

の難燃化剤である臭素系化合物が対象となっている．鉛は，部品実装に使用されるハンダに大量に含まれており，現在鉛を含まないハンダへの代替が開発実用化されつつある．鉛フリーハンダは，作業温度が現状よりも数十度上昇するため，実装系材料の見直しや信頼性評価が行なわれている．今後，ダイオキシンや環境ホルモンに対しても先取りした技術開発が必要である．

4.5.5 おわりに

携帯電話は，世界中で驚異的な普及を示している．高度情報化時代の実現に携帯電話の高機能化は不可欠であり，軽量化への取組みは継続的に必要となる．地球環境問題への対応など，携帯電話を取り巻く環境は大きく変化している．

今までに行なわれた携帯電話の小型・軽量化は，使用材料や組立て技術に多くのブレークスルーを実現した．今後の軽量化設計を考えた場合，さらに新しいブレークスルーが求められている．

参考文献

1) 日経エコロジー：変わる家電 (1999-9) pp. 17-23.
2) 日本工業新聞, 2000年2月8日.
3) 林　正克：「廃家電品のリサイクル」, 材料と環境, **47**, 7 (1998) pp. 422-430.
4) 永野洋介：「洗濯機, 掃除機の100年の推移」, 日本機械学会誌, **100**, 939 (1997) pp. 157-162.
5) 永野洋介：「家電・OA機器の省エネルギー」, エネルギー活用事典, 産業調査会事典出版センター (1999) pp. 790-793.
6) 田原和雄 ほか1名：「ユニバーサルモータの高性能化の動向」, 電気学会回転機研究会 (1998) RM-98-32.
7) 梶　光：「風呂水利用全自動洗濯機」, 住まいと電化 (1996-2) pp. 34-37.
8) 藤井裕幸 ほか1名：「遠心力洗濯機の開発」, 電機, No. 611 (1999-6) pp. 78-80.
9) 吉川弘之 編：逆工場, 日刊工業新聞社 (1999) pp. 188-210.
10) 杉本正史・工藤　淳・池内一彦・松村直樹：「AV機器 (1)」, 材料実用百科, 日経BP社 (1993) p. 72.
11) 小島　陽：「マグネシウムの材料特性」, 工業材料, **47**, 5 (1999) p. 21.
12) 山田　祥・藤田章洋・鈴木　渉・立野：三菱電機技報, **73**, 2 (1999) p. 41.
13) F. Baba, Y. Imanishi, S. Shinya and K. Tsunekawa : #2 International Congress Molded Interconnect Devices (1996) p. 99.
14) 熊谷貞男・末岐有生：成形加工'00 予稿集, プラスチック成形加工 (2000) p. 135.

索　引

ア　行

アクリルブタジエンスチレン……152
圧潰パターン……40
アルミ-リチウム合金……50
アルミ車……94
アルミニウム合金車……94
板殻構造……10,30
一槽式……153
一方向繊維強化シート……43
遺伝的アルゴリズム……24
異方性……51
インバースマニファクチャリング…158
インバータ……135
インバータ技術……157
ウォータ洗濯……157
薄板殻構造化……5
薄板高密度多層プリント基板……176
渦巻き式……153
永久寿命設計……100
液晶パネル……189
液晶ポリマー……193
易分解構造……147
エコマテリアル化……147
円框……112
エンジニアリングプラスチック……187
エンプラ……187
応答曲面法……27
応力外皮構造……110
応力腐食割れ……115
オープンループ制御……130

カ　行

カーボン繊維……43
カーボン繊維強化プラフチック……85
カーボンナノチューブ……50
買換え需要……135
介護・介助機器……123
介助用……124
回転性能……125
概念設計……13
改良型 Ti-10 V-2 Fe-3 Al……123
カオス短期予測……22
カオス理論……22
拡散接合……119,123
ガスアシスト成形……162
カップリング剤……86
家電リサイクル法……2,147
可搬性……13
ガラス繊維……43
環境基本法……147
感性工学……18
技術予測……16
機能……14,60
機能設計……8
基本設計……13
基本特性……68
キャニスタ型……148
キャニスタ型掃除機……153
キャビネット……159
吸音パネル……114
強化繊維……51
筐体部品……159
強度……46
京都会議……146
局所近似法……35
巨視的機械構造……62
巨視的材料設計……50
許容方向法……33
均質化法……28,37,70
金属基複合材料……123
空力弾性特性……32
組合せ最適化問題……18,24
組合せ材料……49
組合せ満足化問題……24
グループテクノロジー……75
クローズドループ制御……130
傾向的外挿法……23
形状記憶合金ファイバ……56
形状保持性……5
形態設計……31
牽引型電動車いす……125

限界偏肉設計 163
コア 42
抗アレルギー性 127
高強度軽量材料 45
合金設計 50
高剛性化 27
高抗張力鋼 SUS 301 96
剛性 48
鋼製車 94
高洗浄化 156
構造解析 10
構造最適設計 30
構造設計 8
構造と材料の同時最適化 60
高張力鋼 110
好適な候補 18
高密度実装技術 169
高流動・高衝撃ポリスチレン 165
コート掛け問題 30
5マイル規制法案 89
固有振動数 49,69
固有モード 78
コルゲート板 40
コルゲートパイプ 40
コンカレントエンジニアリング 75
コンカレント最適化 77
コンカレント設計 77
コンパクト化 7
コンプライアンス 44

サ 行

再循環 2
サイジング剤 86
再生資源利用促進法 146,147
再生利用 2
最適化手法 10
最適性規準法 33
再利用 2
材料設計 8,50
座屈強度 38
座屈破損 49
産業用機械 63
三次元ブロック 10
三次元連続体 10

サンドイッチ構造 42
サンドイッチパネル 38
磁気抵抗素子 180
自己修復機能 45
自己診断技術 45
システム分析 17
自操用 124
シミュレーテッドアニーリング 27
射出成形法 84
車体構造 94
修復性 112
重量最小化設計問題 33
縮小化 2
樹脂製ガソリンタンク 85,87
樹脂製バンパ 85,89
需要予測 16
ジュラルミン 50,110
巡回セールスマン問題 24
省エネ法 146
省エネルギー 1
衝撃圧潰 40
詳細設計 13
省資源 1
乗数法 33
省電力化 157
進化的探索手法 33
シングルスキン構造 97
人工的ニューラルネットワーク 22,24
芯材 42
吸込み仕事率 148
スーパーエンプラ 173
ズーミング解析 100
スケジューリング問題 24
スティフナー 31
ステンレス車 94
ストリンガ 112
スリム化 2
寸法設計 31
静音化 7
制御特性 32
静剛性 68
静コンプライアンス 78
生産設計 8
整数計画法 24

製造コスト……………………72,75,79
製造物責任法……………………………1
制動性能………………………………125
性能………………………………………14
性能安定性……………………………112
性能特性…………………………………68
製品企画…………………………………16
積層材料…………………………………49
設計感度…………………………………33
設計感度解析法…………………………34
設計変数…………………50,75,76,77,78
設計要求…………………………………16
節水化…………………………………155
絶対最適解………………………………39
セミモノコック構造…………………110
線形計画法………………………………24
全スポット溶接構造……………………96
総合環境負荷評価……………………147
創発的な手法……………………………24
損傷許容設計……………………………58

タ 行

体幹保持能力…………………………132
ターボチャージャ………………………85
ターボチャージャインペラ……………85
大域近似法………………………………35
代謝的変化………………………………23
耐熱軽量構造材料……………………122
タイムシェアリング制御………135,138
大容量化…………………………………7
多基準最適化問題………………………37
多機能化………………………………7,9
多機能性…………………………………3
多原理最適構造／材料…………………61
多層基板………………………………186
縦通材…………………………………112
多品種少量生産……………………65,75
ダブルスキン構造………………………98
多変量解析………………………………18
多目的化………………………………7,9
多目的最適化問題………………………37
多連結化…………………………………10
多連結連続体……………………………31
単一素材化……………………………150

探求的予測法……………………………16
炭素繊維強化エポキシ樹脂……………45
炭素繊維複合材料………………………47
地球環境適応型…………………………2
遂次線形計画法…………………………29
チクソモールディング成形…………167
チタン合金……………………50,110,118
知的構造…………………………………56
知的材料…………………………………56
知的性の設計……………………………56
知能化……………………………………4
注文生産…………………………………75
超合金…………………………………110
超高流動樹脂…………………………165
超ジュラルミン…………………………50
超塑性成形…………………………119,123
超々ジュラルミン………………………50
直接微分法………………………………34
直感的予測法……………………………16
ツイン冷却システム…………………135
ツイン冷却方式………………………139
低価格化…………………………………2
低振動化………………………………151
低騒音型パンタグラフ………………105
低密度化………………………………112
テイラードマテリアル…………………43
適応性の設計……………………………55
適材適所化………………………………9
デジタルビデオカメラ………………169
電磁特性…………………………………32
電子ビーム溶接………………………119
電動車いす……………………………123
動剛性……………………………………69
等方性……………………………………51
登坂性能………………………………125
トップランナ方式……………………147
トポロジー化……………………………9
ドライクリーニング洗濯……………157
トラス……………………………………30
トラス連続体……………………………39

ナ 行

ナップ・ザック問題……………………24
ナノ結晶材料…………………………123

波型	40
ニアベータタイプ合金	118
二元表	17
二槽式洗濯機	153
ニューロ＆ファジィ制御	155
熱流体特性	32
粘弾性的性質	84

ハ 行

ハーモニック減速機	129
バイオエンジニアリング	22
排気ガス低減技術	83
廃棄性	112
廃棄物処理法	147
ハイブリット構造	95
薄層	52
ハット型	40
ハニカムコア	42
ハニカム構造部	100
パレート最適解	67
汎用構造解析コード	34
汎用最適化ソフトウェア	36
ピーン成形	116
光ファイバ	56
比強度	47
非強度部材	114
比剛性	48
微視的機械構造	62
微視的材料設計	50
非線形計画法	33
評価関数	20,24
疲労設計	43
品質表	17
フェイルセーフ	55
複合工作機械	65
複合構造	30
複合材料	49,110
複合材料積層板	38
複合樹脂構造	95
複合パネル	98
複合領域最適化	32
物質設計	50
プライ	52
プリプレグ	43
プリントモータ	132
ブレイクスルー	70
フレーム	112
ブロー成形法	84
分子設計	50
並列遺伝的アルゴリズム	27
ベキ乗則	21
ヘルスモニタリング技術	59
変身的変化	23
偏肉設計	162
扁平型直流ブラシモータ	128
芳香族ナイロン樹脂	193
包絡曲線法	23
補強板殻構造	31
補強材	31
補強/補剛の設計	53
母材	51
骨組構造	10,30
ポリプロピレン	152
ポリマーリチウムイオン電池	190

マ 行

マイクロマシン	62
マグネ合金	110
マグネシウム合金	50,167
マシニングセンタ	65
マトリックス	51
ミッチェル構造	39
メタボリック的変化	23
メタモルフィック的変化	23
モーダルフレキシビリティ	78
目的関数	20,24

ヤ 行

有限寿命設計	100
容器包装リサイクル法	2,144,147

ラ 行

ラーメン構造	30
ライフサイクルコスト	102
ラミナ	52
リーフスプリング	85
離散的最適化法	24
リセプタンス	70,78

リチウムイオン電池 …………………185
リチウム二次電池 ……………………182
立体骨組継手 …………………………96
冷凍サイクル …………………………136
連続体構造 ……………………………30
ろう付けアルミハニカム ……………98
ロバスト性 ……………………………25

英　語

ABS ……………………………………152
AI 的手法 ………………………………24
Al-Cu 系合金 …………………………110
Al-Li 合金 ……………………………113
ANSYS …………………………………36
BAH ……………………………………98
C 188 合金 ……………………………114
CAD/CAM/CAE ………………………36
CCD レンズ …………………………170
CFRP ……………………………………85
CSP : Chip Size Package ……………191
DB 工法 ………………………………119
DC ブラシレスモータ ………………156
DC ブラシレスモータ制御 …………157
DOT/DOC ……………………………36
ENGINEOUS ……………………………36
ESD : Extra Super Duralumin ………110
FSW : Friction Stir Welding …………98
GENESIS（VMA）……………………36
GFRP リーフスプリング ……………92
GT : Group Technology ………………75
IMT ……………………………………183
iSIGHT …………………………………36
ISM : Interactive Structural Modeling
　………………………………………17
IVH 基板 ………………………………186
LCA : Life Cycle Assessment …… 94,135
LCP ……………………………174,193
MID : Molded Interconnect Device …192
MR センサ ……………………………180

MSC/NASTRAN ………………………36
NASTRAN ……………………………34
NISAOPT ………………………………37
OPTISHAPE ……………………………37
P-GA ……………………………………27
PID 制御 ………………………………141
PL 法 ……………………………………1
PP ………………………………………152
PPS 樹脂 ………………………………193
Recycle ……………………………2,194
Reduce ……………………………2,194
Reuse ………………………………2,194
RRA（Retrogressing Re-Aging）処理
　………………………………………115
RSM ……………………………………27
SA ………………………………………27
SLP ……………………………………29
SMC : Shee Molding Compound ……90
SP 700 合金 …………………………118
SP 700 チタン合金 …………………123
SPF 工法 ………………………………119
STN : Super Twist Nematic …………189
T 6 処理 ………………………………115
T 73 処理 ………………………………115
TFT : Thin Flat Transistor ……………192
Ti-Al 金属間化合物 …………………122
Ti-6Al-4V 合金 ………………………119
Ti-10V-2Fe-3Al ………………………118
VR & D …………………………………36
Visual DOC ……………………………36
W-CDMA ……………………………183
2024 合金 ……………………………110
2219 合金 ……………………………114
2XXX 系高力アルミニウム合金 …123
7075 合金 ……………………………110
7150 合金 ……………………………114
8090-T 3 材 …………………………114
8090 RSW ……………………………114
8090 改良合金 ………………………113

あとがき

　物を軽量化することの効果は，直接的にはそれ自身の利便性を高め，個性化を促進することになるが，結局のところ，それが資源・エネルギーの有効利用の点から，自然にやさしい物づくりとなるものである．このようなことから，物を軽量化する技術は，今日極めて重要視されてきている．

　この本では，それが直接的に機能設計，構造設計，材料設計および生産設計と強く関連していることを第1, 2章で述べた．しかも，それらそれぞれの分野における key point も示した．しかし，第3, 4章の多くの機器設計例でも示されていたように，それらの技術はその利用，保守・管理等も含めた広い技術分野と連携している．すなわち，軽量化技術は総合技術であって，これを確立することは極めて難しいものである．しかし21世紀の技術者には，このような設計技術は必須の重要な条件であり，その内容も本書を通して明らかになっていると思う．したがって，これを完全に身につけるかどうかは読者が実際の問題に対応して，本書で示されているいくつかの手法をいかに応用するかにかかっているといえる．つまり，本書を読破された方々にとっては，実践あるのみであり，筆者らとしてもこのことを切に希望している．

尾田　十八

JCLS	〈㈱日本著作出版権管理システム委託出版物〉

2002	2002年7月1日 第1版発行

---軽量化設計---

著者との申し合せにより検印省略

© 著作権所有

本体 3200 円

著作代表者	尾^お田^だ 十^{じゅう}八^{はち}
発 行 者	株式会社 養 賢 堂 代表者 及川 清
印 刷 者	星野精版印刷株式会社 責任者 星野恭一郎
発 行 所	〒113-0033 東京都文京区本郷5丁目30番15号 株式会社 養賢堂 TEL 東京(03)3814-0911 振替00120-7-25700 FAX 東京(03)3812-2615 URL http://www.yokendo.com/

ISBN4-8425-0332-7 C3053

PRINTED IN JAPAN　　製本所　板倉製本印刷株式会社

本書の無断複写は、著作権法上での例外を除き、禁じられています。本書は、㈱日本著作出版権管理システム (JCLS) への委託出版物です。本書を複写される場合は、そのつど㈱日本著作出版権管理システム (電話03-3817-5670、FAX03-3815-8199) の許諾を得てください。